"十四五"职业教育国家规划教材

鸡尾酒技艺

（第二版）

张树坤　主编

苏　磊　王　丹　王　峰　副主编

科学出版社

北　京

内 容 简 介

本书共分四大模块18个专题，每个专题由学习准备、学习目标、创业准备、学习内容、知识回顾五个方面构成。每个专题都附有丰富的图片，旨在通过图文并茂的形式直观地讲授鸡尾酒的相关知识，传授鸡尾酒调制的基本技艺。

本书既可以作为职业教育酒店管理类专业及相关专业的教材，也可以作为酒吧调酒员的培训资料，还可以作为鸡尾酒爱好者的自学参考书。

图书在版编目（CIP）数据

鸡尾酒技艺 / 张树坤主编 . — 2 版 .—北京：科学出版社，2021.1
"十四五"职业教育国家规划教材
ISBN 978-7-03-065854-8

Ⅰ．①鸡… Ⅱ．①张… Ⅲ．①鸡尾酒－配制－职业教育－教材
Ⅳ．① TS972.19

中国版本图书馆 CIP 数据核字（2020）第 148646 号

责任编辑：沈力匀 / 责任校对：赵丽杰
责任印制：吕春珉 / 封面设计：张　帅

科学出版社 出版

北京东黄城根北街 16 号
邮政编码：100717
http://www.sciencep.com

三河市骏杰印刷有限公司 印刷
科学出版社发行　各地新华书店经销

*

2009 年 9 月第　一　版　　开本：787×1092 1/16
2021 年 1 月第　二　版　　印张：9 1/4
2023 年 8 月第九次印刷　　字数：230 000
定价：59.00 元
（如有印装质量问题，我社负责调换〈骏杰〉）
销售部电话 010-62136230　编辑部电话 010-62135763-2015（VP04）

第二版前言

随着人们生活水平的提高，异彩纷呈的鸡尾酒开始为越来越多的国内消费者所接受。从高端酒水消费场所到普通酒吧，人们对于创意鸡尾酒的兴趣已经渗透到了各个酒水消费场所。在流量较大的场所，鸡尾酒调配的速度是影响鸡尾酒销量的重要因素。未来几年，低热量、无乙醇的鸡尾酒也将会受到人们的欢迎。中国白酒鸡尾酒也给无数调酒师们提供了灵感，给鸡尾酒爱好者提供了无尽的遐想。

2009 年 9 月我们应科学出版社之约编写了职业教育酒店管理类专业教材《鸡尾酒技艺》，第一版自出版发行以来，得到了广大读者和职业院校师生的支持和厚爱，教材不断重印。为了适应我国职业教育的快速发展，深入贯彻落实职业教育改革方针，也为了紧密结合鸡尾酒行业的不断创新发展，我们对《鸡尾酒技艺》进行了修订。本书全面贯彻党的教育方针，落实立德树人根本任务，坚持为党育人、为国育才的原则，全面提高人才培养质量，培养德智体美劳全面发展的社会主义建设者和接班人，注重从 A.S.K（态度、技能、知识）等多维度培养学生，为学生的就业创业打下坚实的基础。

本书突出了现代职业教育的特点，按照"工作过程导向"原则设置每一个专题内容及专题顺序，从而保证了知识的模块化以及技能的循序渐进等特点。作为一本面向职业院校酒店管理类相关专业的教材，本书充分考虑了内容的实用性与知识性，力求做到简明扼要、通俗易懂。由于目前国内调制鸡尾酒的常用基酒几乎都是进口品牌，而且高星级酒店酒吧的客人中很多都不会讲中文，因此我们对本书中的外国基酒酒名、鸡尾酒名及常用调酒工具等都加注了外语原文，便于学生在未来酒吧及餐饮企业拓展自己的职业发展，也为专业教师开展双语教学提供了有利的教学资源支持。

本书主要内容涉及现代酒店餐饮部门、社会餐饮的各类酒吧经营人员及服务人员必须掌握的酒水基础知识、调酒技巧等内容。全书分为四大模块共

18个专题，每个专题涵盖学习准备、学习目标、创业准备、学习内容、知识回顾五个方面的内容。其中，学习准备和创业准备是本版新增的内容，旨在培养学生和读者自我学习的能力及创业思维。模块1为酒水基础知识。通过这一模块的学习，读者可以掌握与鸡尾酒相关的各类酒水的基本知识。模块2为调酒技巧。通过这一模块的学习，读者可以熟练地掌握鸡尾酒调制的主要知识和技能。模块3为鸡尾酒调制实例。通过这一模块的学习，读者可以了解以不同的基酒调制的近100种经典鸡尾酒。新增的模块4为酒吧管理实务。另外，本版还增加了旨在扩大读者视野、易于使用的30多个二维码数字资源。

全书语言简洁、通俗易懂，既适合高职院校酒店管理及相关专业的课堂教学，也适合社会各界鸡尾酒爱好者自学。

本书由湖北职业技术学院旅游与酒店管理学院张树坤担任主编并负责正文的编写，副主编由湖北职业技术学院苏磊、王丹、王峰担任。全书的数字资源由苏磊、湖北职业技术学院邵晓莉负责设计制作。参与本书编写的还有武汉职业技术学院韩鹏，湖北职业技术学院李勉、吴亚娟、戴卓、彭秋婵，在此一并致谢。

本书在编写过程中，得到了科学出版社的大力支持，也参阅了国内外出版的相关书籍、网络及社交媒体资料。在此，向相关作者致以诚挚的感谢，也恳请读者朋友提出宝贵意见。

第一版前言

随着人们生活水平的提高，源自西方社会的鸡尾酒开始被越来越多的消费者所接受，正逐步进入普通百姓的家庭。近年来，国内许多高等职业院校虽然也都开设了相关课程，但专门向鸡尾酒爱好者和大专院校学生介绍鸡尾酒技艺的书籍并不多。为此，我们编写了本书，以供各高等职业院校的餐旅管理与服务类专业选用。

本书在编写过程中，突出现代高职教育的特点，按照"工作过程导向"的原则设置每一个专题内容和排列专题顺序，从而保证了知识的模块化以及技能的循序渐进等特点。作为一本面向高等职业院校餐旅管理与服务类专业的教材，本书充分考虑了内容的实用性与知识性，克服了某些专业教材只注重知识的堆砌而忽视内容的实用性的缺点，力求做到简明扼要、通俗易懂。由于调制鸡尾酒的基酒全部是洋酒，而且高星级酒店、酒吧的客人中很多都不会讲中文，因此本书中的洋酒名、鸡尾酒名及常用调酒工具等都加注了英语或其他语言注释，便于学生在今后的工作中运用自如。

本书共分三大模块十八个专题，模块 1 涉及酒水基础知识。通过模块 1 的学习，读者可以了解与鸡尾酒相关的各类酒水的基本知识。模块 2 为调酒技巧。通过模块 2 的学习，读者可以掌握鸡尾酒调制的主要知识和技能。模块 3 为经典鸡尾酒实例。通过模块 3 的学习，读者可以学习用不同的基酒调制经典鸡尾酒。

本书语言简洁、通俗易懂，既适合高等职业院校餐旅管理与服务类专业的课堂教学，也适合社会各界鸡尾酒爱好者自学。

本书由湖北职业技术学院旅游与酒店管理学院张树坤担任主编，并负责正文的编写。副主编分别由山东商业职业技术学院旅游管理系郭春慧、浙江丽水职业技术学院管理系蔡敏华担任。另外，对本书的编写给予了大力支持的还有浙江商业职业技术学院烹饪旅游系实验中心潘小慈、武汉商业服务学院旅游教研室黄美忠，以及湖北职业技术学院旅游与酒店管理学院的老师。

本书在编写过程中参阅了许多国内外出版的相关书籍和资料。在此，向相关作者致以诚挚的谢意，也恳请读者朋友提出宝贵意见。

Contents

目 录

模块 1　酒水基础知识

模块 2　调酒技巧

模块 3　　鸡尾酒调制实例

模块 4　　酒吧管理实务

模块 1

酒水基础知识

[学习准备] （1）收集不同品种的酒瓶或者干净、完整的酒标。

（2）收集几种不含乙醇的饮料瓶或者商标。

[学习目标] 了解和掌握酒水的基本知识及主要类别，熟悉几种主要酒水的特点、原料、种类及主要品牌。

[创业准备] 了解本专题中几种非乙醇类饮品中某一品牌的市场单价。

学习内容

1.1　酒的定义

　　酒是一种用粮食、水果等含有淀粉或者糖类物质，经过发酵、蒸馏、陈酿、调配而成的含有乙醇（酒精）的饮料。凡乙醇含量在 0.5%～75.5% 的饮料就可以称为酒。

　　酒的主要成分是乙醇和水，其他的微量成分约占 2%，包括有机酸、高级醇、脂类、醛类、多元醇等有机化合物及蛋白质和微生物等，这些微量成分决定着酒的香气、口味和风格。

1.2　乙醇与酒度

　　食用乙醇的物理特性为：常温下呈液态，无色透明，易挥发，易燃烧，不易感染细菌，刺激性较强，可溶解酸、碱和少量油类，不溶解盐类，可溶于水，沸点为 78.3℃，冰点为 −114℃。

　　酒度表示乙醇在酒液中的含量。国际上酒度的表示方法包括以下几种。

1.　标准酒度

　　标准酒度是由法国化学家盖·吕萨克（Gay Lussac）发明的，用体积百分数（%）表示，即 % Vol，也可用 GL. 表示。当酒液温度为 20℃时，每 100 毫升酒液中含 1 毫升乙醇，即酒度为 1 度，常见表现形式为

1% Vol 或 1%（V/V），或 1GL.。

2. 美制酒度

美制酒度用乙醇纯度（proof）表示，1 个乙醇纯度相当于 0.5% 的乙醇含量。

3. 英制酒度

英制酒度是由英国人克拉克于 18 世纪创造的一种酒度计算方法。

以上三种酒度之间的换算为

标准酒度 ×1.75= 英制酒度

标准酒度 ×2= 美制酒度

英制酒度 ×8/7= 美制酒度

中国采用的是标准酒度。例如，45% Vol 表示酒度为 45 度。

1.3 酒的分类

酒的分类有以下几种不同方式。

（1）酒按原料分为果酒、谷物酒等。

（2）酒按市场消费习惯分为白酒、黄酒、啤酒、葡萄酒。

（3）酒按餐饮性能分为餐前酒、佐餐酒、餐后酒等。

（4）酒按乙醇含量分为低度酒（乙醇含量 20% 以下），如葡萄酒、香槟、黄酒、日本清酒，中度酒（乙醇含量 20%～40%），如餐前开胃酒、餐后甜酒，高度酒（乙醇含量 40% 以上的烈酒），如外国的蒸馏酒，中国的茅台、五粮液、汾酒等。

目前，世界上主要按生产工艺把酒分为酿造酒、蒸馏酒和配制酒。

1. 酿造酒

酿造酒也叫发酵酒、原汁酒，即通过酵母菌发酵作用生成的酒。其酒度低，主要品种有黄酒、啤酒、葡萄酒、水果酒。

2. 蒸馏酒

蒸馏酒是以糖类物质和淀粉为原料，经糖化、发酵、蒸馏提纯而成的酒，也叫作烈酒。其主要品种有白兰地、威士忌、金酒、朗姆酒、伏特加，中国白酒也是蒸馏酒。

3. 配制酒

配制酒是采用浸泡、勾兑等方法配制的酒，其主要有开胃酒、甜食酒、利口酒。

浸泡法常用于药酒，如外国的味美思、比特酒，中国的人参酒、三蛇酒、五加皮酒。

勾兑法就是将两种或多种酒兑和在一起，或者将不同地区、不同年份的酒兑和在一起而形成一款口感、品质均不同的新酒。

1.4 无乙醇饮料

无乙醇饮料是指不含乙醇或乙醇含量低于 0.5% 的饮料，也叫无酒精饮料，或软饮料（soft drink），包括碳酸饮料（如可乐、雪碧等）及非碳酸饮料（如茶、果汁、矿泉水、牛奶、咖啡等）。

1. 碳酸饮料（carbonated beverage）

碳酸饮料即含有碳酸气体饮料的总称。饮用时，其泡沫多而细腻，清凉爽口，主要品种有：柠檬汽水，如七喜（7-Up）、雪碧（Sprite）等；橙汁汽水，如芬达（Fanta）；苏打水（Soda water）；汤力水（Tonic water）；可乐，如百事可乐（Pepsi Cola）、可口可乐（Coca Cola）等。

2. 非碳酸饮料（non-carbonated beverage）

非碳酸饮料是不含碳酸气体的饮料，

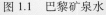

图1.1　巴黎矿泉水

图1.2　依云矿泉水

图1.3　伟涛矿泉水

图1.4　崂山矿泉水

如水、果蔬汁、乳饮料。

（1）水（water），包括普通水、蒸馏水、纯净水和矿泉水。

酒吧中常见的饮用水包括以下几种。

① 巴黎矿泉水（Perrier）：法国南部伟捷兹（Vergeze）地区出产的矿泉水。其于1863年开始生产，含有二氧化碳，无色无味，具有提神作用，有"水中香槟"美誉（图1.1）。

② 依云（Evian）矿泉水：法国依云地区出产的矿泉水。其于1826年开始生产。每一滴依云天然矿泉水均由法国阿尔卑斯山脉的雨雪水经过15年的缓慢过滤而形成，无泡、纯洁、有甜味。依云矿泉水是世界销量最大的矿泉水（图1.2）。

③ 伟涛（Vittel）矿泉水：产于法国威斯杰地区西部伟涛盆地的矿物质含量较低的无泡天然矿泉水。其于1854年开始生产，略带碱性。伟涛矿泉水的产地属大陆性气候，夏天炎热，冬天寒冷，平均年降雨量为900毫米，几乎每天一场雨，因此部分雨水会缓慢渗入地下，形成优质的泉水（图1.3）。

④ 崂山矿泉水：产于中国青岛的崂山。其水质优良（图1.4）。

（2）果蔬汁：含有易被人体吸收的营养成分，也有医疗保健效果，颜色诱人。

常见的果蔬汁包括西柚汁（grapefruit juice）（图1.5）、鲜橙汁（orange juice/O.J）等（图1.6）。

图1.5　西柚汁

图1.6　鲜橙汁

（3）乳饮料：既包括鲜乳，也包括发 酵乳（酸奶）及冰淇淋（图1.7）。

牛奶　　　　　　　　酸奶　　　　　　　　冰淇淋

图1.7　牛奶、酸奶、冰淇淋

 知识回顾

（1）名词解释：酒、酒度、发酵酒、

蒸馏酒、配制酒、碳酸饮料、果蔬汁饮料、乳饮料。

（2）国际上酒度的表示方法有几种？

（3）下列哪种酒不属于蒸馏酒：葡萄酒、啤酒、白兰地、甜食酒？

专题 *2* 烈酒（一）

[学习准备] （1）准备不同类型的金酒、伏特加、朗姆酒、威士忌实物或者空瓶。

（2）准备玻璃闻酒杯、塑料吸管、漱口水、一次性漱口杯、垃圾桶。

[学习目标] 了解和掌握烈酒的基本知识及烈酒的主要类别，掌握几种主要烈酒的特点、原料、种类及主要品牌。

[创业准备] （1）了解本专题列举的几种烈酒的相关品牌产品的单价。

（2）熟记本专题介绍的烈酒的外文名。

学习内容

烈酒的英文为 spirits，原意为葡萄酒的灵魂。在欧洲，早期的烈酒几乎都是由普通葡萄酒直接蒸馏而成。后来，当人们认识到其他物质也可以生产乙醇并被蒸馏成烈酒时，葡萄酒就不再是生产烈酒的唯一原材料了。本专题将简要介绍四种主要的烈酒。

2.1 金酒（Gin）

早期的金酒要追溯到 16 世纪的荷兰。像其他许多蒸馏酒一样，金酒当初主要是为了药用，具有健胃、解热等功效。

1. 原料

金酒的主要原料是玉米、大麦、小麦，以杜松子为主要调香原料，所以也叫杜松子酒。

2. 生产过程

金酒是一种生产工艺相当简单的烈酒。英国金酒是在连续蒸馏后所获得的烈酒里泡入药草、香料、浆果等，经过过滤装瓶后即可出售。

3. 特点

此酒无色透明、口感干冽、酒味醇美。

4．种类

金酒著名的品牌有将军金酒/必富达金酒（Beefeater）、哥顿金酒（Gordon's）、汤可瑞金酒（Tanqueray）、孟买蓝宝石金酒（Bombay）（图2.1～图2.4）。

荷兰金酒完全不同于英国金酒，它在原料中加入了杜松子、苦杏仁、小豆蔻、橙皮，经过三次蒸馏后获得乙醇含量较高的酒液，再加入香料进行第四次蒸馏，使酒液具有独特的香味。荷兰金酒只适合单独饮用，不适合调制鸡尾酒。

5．最佳食物搭配

金酒的油性口感可以与某些鱼类的油腻味道形成很好的搭配。

6．品饮方法

众所周知，金酒的最佳调和液就是汤力水。作为经典的鸡尾酒，金汤力往往以配有大量冰块及一片柠檬的长饮形式出现。另外，金酒与其他调和液也基本可以融合，如橙汁、姜汁汽水，但是与可乐调和时并不理想。

2.2 伏特加（Vodka）

在俄语中，Vodka的意思是"只有少量的水"。由于伏特加的生产工艺简单，所以现在很难找到其真正的发源地。有人说伏特加产自俄罗斯，也有人说产自波兰，但是仍然没有一个准确的定论。

1．原料

生产伏特加的原料有马铃薯、玉米、黑麦。

2．生产过程

伏特加是通过反复蒸馏，提高乙醇的

图2.1　将军金酒

图2.2　哥顿金酒

图2.3　汤可瑞金酒

图2.4　孟买蓝宝石金酒

浓度，并用木炭过滤而成。

3. 特点

此酒乙醇浓度高、口味烈、劲大、刺鼻，可以与任何其他饮料混合，是鸡尾酒常用的基酒。

4. 种类

1）俄罗斯伏特加

（1）原料：大麦，现在逐渐改为以马铃薯、玉米为主要原料。

（2）工序：过滤时将蒸馏酒注入白桦木活性炭过滤槽中，使酒中所含的油类、酸类、酯类等成分被过滤掉，从而获得非常纯净的伏特加。

（3）著名品牌：绿牌俄罗斯伏特加（Moskovskaya）（图 2.5）；红牌俄罗斯伏特加（Stolichnaya）（图 2.6）；皇冠伏特加（Smirnoff），又分红牌皇冠（市场主打）和蓝牌皇冠（极品），也有绿牌皇冠（图 2.7）。

2）其他国家的伏特加

波兰、英国、法国、美国、法国、瑞典等国家都生产伏特加。瑞典的绝对伏特加（Absolut Vodka）具有很高的知名度，分为蓝牌无味、黄牌橙味、紫牌黑加仑味、绿牌青梨味（图 2.8）。

5. 最佳食物搭配

冷藏伏特加是俄罗斯鱼子酱的最佳搭配。在北欧地区，饮用伏特加时常搭配烟熏鱼，如鲱鱼、三文鱼等。

6. 品饮方法

品饮伏特加时，一切都应该是冰冷的。酒瓶应该放在冷柜里，玻璃杯也需要冻杯。如果杯子外面没有霜，说明还不够冷。传

图 2.5　绿牌俄罗斯伏特加

图 2.6　红牌俄罗斯伏特加

红牌皇冠　　　蓝牌皇冠　　　绿牌皇冠

图 2.7　皇冠伏特加

9

统上是使用小肖特杯饮用伏特加，不过现在很多人喜欢用大杯子饮用。

2.3 朗姆酒（Rum）

朗姆酒的发明要追溯到16世纪初西印度群岛的甘蔗种植园创办后不久。

1. 原材料

生产朗姆酒的原料有甘蔗汁、发酵过的饴糖。

2. 生产过程

朗姆酒是将压榨出的甘蔗汁液直接发酵，或者将甘蔗汁经过熬煮后产生饴糖，再将饴糖进行发酵，然后蒸馏而成。

3. 特点

朗姆酒具有明显的甘蔗味，清香可口。

4. 主要种类

1）按色泽分类

（1）淡色朗姆酒（Light Rum），也叫白色朗姆酒（White Rum），无色，有清新的甘蔗香气，一般是在蒸馏之后直接装瓶，酒度在45%～55%。

（2）深色朗姆酒（Dark Rum），也叫黑色朗姆酒，指在桶中存放十多年后形成的浓厚型老陈酒，酒度在43%～45%。

（3）金色朗姆酒（Golden Rum）：酒本呈金色，由淡色朗姆酒和深色朗姆酒勾兑而成。

2）按口味分类

（1）淡味朗姆酒：酒体浅黄色，香气较弱，有糖蜜的甜味，酒龄为3年。

（2）浓味朗姆酒：酒体浅褐色，较重

图2.8 瑞典绝对伏特加（Absolut Vodka）（自左至右：无味、橙味、黑加仑味、青梨味）

的糖味，酒龄为 3～10 年。

（3）烈性朗姆酒：含糖量少，刺激大，酒度为 75%。

5．主要产地

（1）波多黎各朗姆酒（Puerto Rico Rum），那里生产的朗姆酒淡而香，最适合调制鸡尾酒。

（2）巴巴多斯朗姆酒（Barbados Rum），该地区生产的朗姆酒口感柔顺，带烟熏味。

（3）牙买加朗姆酒（Jamaican Rum），该国生产的朗姆酒浓而辣，呈黑褐色。

6．主要品牌

朗姆酒的主要品牌有哈瓦那俱乐部（Havana Club Rum）（图 2.9）、老牙买加朗姆酒（Old Jamaica Rum）（图 2.10）、迈尔斯朗姆酒（Myers's Rum）（图 2.11）、海军朗姆酒（Lamb's Navy Rum）（图 2.12）、摩根船长朗姆酒（Captain Morgan Rum）（图 2.13）、百加得淡朗姆酒（Bacardi Rum）（图 2.14）等。

图 2.10　老牙买加朗姆酒

图 2.11　迈尔斯朗姆酒

图 2.9　哈瓦那俱乐部朗姆酒

图 2.12　海军朗姆酒

图 2.13 摩根船长
朗姆酒

图 2.14 百加得淡朗姆酒（左）、苹果味朗姆酒（中）、
金色朗姆酒（右）

7. 最佳食物搭配

与其他烈酒不同的是，朗姆酒是各种水果的最佳搭配。早在 18 世纪的时候，用金色朗姆酒搅拌的橙块沙拉就是当时最受欢迎的甜食。与菠萝及香蕉搭配最佳。黑色朗姆酒及金色朗姆酒也可以加在巧克力太妃糖里。

8. 品饮方法

白色朗姆酒可与可乐、橙汁，或者热带风味的水果（如菠萝、芒果等汁液）配合饮用。黑色朗姆酒则能够很好地与黑加仑或者薄荷类的餐后酒混合。

2.4 威士忌（Whisky）

威士忌一词源自盖尔特语，是"生命之水"的意思。爱尔兰人和美国人习惯将其拼写为 Whiskey，苏格兰人和加拿大人则写成 Whisky。威士忌起源于 1494 年，当时只有苏格兰人饮用。

1. 原料

生产威士忌的原料有大麦、黑麦、燕麦、小麦、玉米等谷物。

2. 生产过程

威士忌的生产过程是将大麦浸水后让其发芽，麦芽长到一定长度时进行烘干，再加水磨制，磨好的麦芽浆要装入大型的发酵罐发酵，发酵好的麦芽浆即可用铜锅进行两次蒸馏，再将蒸馏出的酒液装入橡木桶陈酿，最后勾兑装瓶。

3. 主要产地

世界上很多国家都生产威士忌，但是最好的威士忌主要产于英语国家。

4. 主要种类

1）苏格兰威士忌（Scotch Whisky）

18~19 世纪，威士忌酒生产商为了逃税而躲进深山，原料不足就用木炭来代替，容器不足就用西班牙雪利酒的空桶装，卖不出去的酒则藏在小屋里。于是，因祸得福，苏格兰人生产出了风味独特的威士忌。

（1）苏格兰威士忌的主要品种。

① 纯麦芽威士忌（Pure Malt Whisky）：酒性强，烟熏味浓。

② 谷物威士忌（Grain Whisky）：以玉米为主要原料，用80%的玉米和20%的麦芽一次蒸馏而成，多用于勾兑其他威士忌，没有木炭的焦香味。

③ 兑和威士忌（Blended Whisky）：市场上的威士忌多为兑和威士忌，可分为高级（纯麦威士忌占50%～80%）、普通（纯麦威士忌比例小）两种。

（2）苏格兰威士忌著名品牌。

① 格兰菲迪威士忌（Glenfiddich Whisky）（图2.15）：产自苏格兰高地的单一品种麦芽威士忌（Single Malt Whisky），经两次蒸馏而成，有辣味和泥炭的香味，其酒瓶别致。

图2.15　格兰菲迪威士忌

② 百龄坛威士忌（Ballantine Whisky）：以百龄坛公司自己生产的八种麦芽威士忌为主，掺和42种威士忌而成。其口感圆滑，其中，百龄坛Finest和Golden Seal（图2.16）为中档，30年百龄坛是用30年以上的威士忌调配而成，为极品。

③ 芝华士威士忌（Chivas Regal Whisky）：由具有200年历史的芝华士兄弟公司生产，具有饱满的花果香和温暖的花蜜香味。其品牌系列包括芝华士12年、芝华士18年（图2.17）、芝华士25年。

图2.16　百龄坛系列威士忌

④ 尊尼获加（Johnnie Walker）：由英国约翰·沃克父子公司生产，苏格兰威士忌中销量第一的品牌，包括：红牌，也被称为红方（Red Label，稍有辣味）；黑牌，也被称为黑方（Black Label，含麦芽威士忌较高，价格高于红牌）；该公司近年又推出了蓝牌（Blue Label）、绿牌（Green Label）及金牌（Gold Label）。酒瓶均为方形（图2.18）。

图2.17　芝华士18年威士忌

红牌　　　黑牌　　　蓝牌　　　　绿牌　　　金牌

图 2.18　尊尼获加威士忌

⑤ 其他比较有名的苏格兰威士忌包括珍宝（J&B）（图 2.19）、伟雀（The Famous Grouse）（图 2.20）、帝王白牌（Dewar's White Label）（图 2.21）。

图 2.20　伟雀威士忌

图 2.19　珍宝威士忌

图 2.21　帝王白牌威士忌

14

2）爱尔兰威士忌（Irish Whiskey）

爱尔兰是世界公认的威士忌发源地。爱尔兰威士忌的生产受到炼金术及蒸馏技术的影响。

（1）原料：爱尔兰威士忌的原料以大麦为主，混以小麦、燕麦、玉米、黑麦等谷物，因此不属于纯麦芽威士忌。

（2）特点：酒香较浓，酒体较重，无木炭的烟熏味。爱尔兰威士忌只选用当地的原料，大多数为大麦，由发酵的麦芽经三次蒸馏而成。

（3）爱尔兰威士忌的著名品牌是布希米尔（Bush Mills）（图2.22）：产于爱尔兰北部沿海地区，创始于1784年。其以精选大麦和清澈的流水为原料，生产工艺复杂，是一种具有独特香浓口味的威士忌。

3）美国威士忌

美国威士忌有以下几类：

（1）单纯威士忌（Straight Whiskey）：以不少于51%的某一种谷物为主，再加入其他原料发酵蒸馏而成。生产过程中不掺和其他威士忌，蒸馏出的酒需放入炭熏过的新橡木桶中至少陈酿2年。

（2）波本威士忌（Burbon Whiskey）：波本原是美国肯塔基州一个镇的地名。现在已经成为美国威士忌的一个类别名称。波本威士忌有两个特点：一是原料中含有51%以上的玉米，二是蒸馏后乙醇含量在40%～62.5%。在木桶里陈酿4年以上，不超过8年。酒液为琥珀色，以肯塔基州的产品最有名，且价格高。

（3）黑麦威士忌（Rye Whiskey）：用不少于51%的黑麦及其他谷物生产。呈琥珀色。

（4）谷物威士忌（Corn Whiskey）：用不少于80%的玉米和其他谷物生产，用旧的橡木桶陈酿。呈琥珀色，口味较甜。

（5）混合威士忌（Blended Whiskey）：由一种以上的单纯威士忌及20%的谷物中性酒混合而成，瓶装酒的酒度在40%以上。

① 主产地：宾夕法尼亚州、印第安纳州、肯塔基州、田纳西州。

② 与苏格兰威士忌的区别：所选用的谷物不同，美国威士忌的度数相对低些。

③ 主要品牌：四朵玫瑰（Four Roses）（图2.23）威士忌。

图2.22　布希米尔威士忌

图2.23　四朵玫瑰威士忌

占边（Jim Beam）（图 2.24），为产自肯塔基州的单纯波本威士忌。

杰克丹尼（Jack Daniels）（图 2.25）：全球最受欢迎的田纳西威士忌品牌之一，方瓶黑商标的"老七号"（OLD No.7）是位于美国田纳西州林奇堡的杰克丹尼公司的旗舰产品。

4）加拿大威士忌（Canadian Whisky）

加拿大威士忌由多种谷物混合发酵，经连续蒸馏而成。蒸馏出的酒液一律要在新酒桶里存放至少 3 年。也叫作混合威士忌。

（1）分类：按陈酿时间长短分为 3～5 年、8 年、10 年、12 年。

（2）主产地：安大略（Ontario）、魁北克（Quebec）、英属哥伦比亚（British Columbia）、艾尔伯塔（Alberta）。

（3）特点：口味清淡、柔和、芳香，属柔和型的混合威士忌。

（4）著名品牌：加拿大俱乐部（Canadian Club，简称 CC）（图 2.26）、施格兰 VO（Seagram's VO）（图 2.27）、皇冠（Crown Royal）（图 2.28）。

图 2.24　占边威士忌

图 2.25　杰克丹尼威士忌

图 2.26　加拿大俱乐部威士忌

图 2.27　施格兰 VO 威士忌

图 2.28　皇冠威士忌

图 2.29　山崎威士忌

5）日本威士忌

日本是世界上五大威士忌酒生产国之一，但是历史较短。日本最早的威士忌酒产于 1923 年。日本威士忌为典型的单种麦芽威士忌。一些知名品牌的日本威士忌都是在用过的雪利酒桶或者波本酒桶里存放老陈。

日本的三得利公司（Sun-tory）是日本威士忌最大的生产厂商，生产的山崎威士忌（图 2.29）占该国威士忌总产量的 75%。

5. 最佳食物搭配

威士忌最佳搭配的食物是苏格兰羊杂碎、浓鸡汤。

6. 品饮方法

威士忌饮用时最好加入少量的泉水，爱尔兰人和苏格兰人喜欢酒、水各一半，而美国人则喜欢水比酒少。

知识回顾

（1）金酒的主要原料是什么？

（2）金酒分为哪几类？

（3）伦敦干金酒是否只有英国才生产？

（4）伏特加酒的特点是什么？

（5）伏特加酒有哪些著名的品牌？

（6）苏格兰威士忌有几种类型？

（7）芝华士是苏格兰威士忌吗？

（8）波本威士忌主要产自哪个国家？

（9）加拿大威士忌有什么特点？

（10）杰克丹尼是什么酒的品牌？产自哪个国家？

专题 3 烈酒（二）

[学习准备]（1）准备不同类型的特基拉、白兰地、比特酒、苹果酒实物或者空瓶。

（2）准备玻璃闻酒杯、塑料吸管、漱口水、一次性漱口杯、垃圾桶。

[学习目标] 了解和掌握烈酒的基本知识及主要类别，熟悉几种主要烈酒的特点、原料、种类及主要品牌。

[创业准备]（1）列出本专题列举的几种烈酒中相关品牌产品的单价。

（2）熟记本专题介绍的几种烈酒的外文名。

 ## 学习内容

3.1 特基拉（Tequila）

特基拉是墨西哥的国酒，其名称源自生产该酒的原材料的植物学名 Agave Tequilana（特基拉龙舌兰）。

1. 原料

生产特基拉的原料是龙舌兰属植物。

2. 生产过程

龙舌兰从种植到收获需要 8 年的时间。

龙舌兰汁具有很强的酸性，将肥大的龙舌兰根切成块，蒸煮后榨汁，再将汁液发酵后进行连续蒸馏，就可以获得乙醇浓度为45%的具有天然龙舌兰风味的特基拉酒。

3. 分类

白色特基拉（在酒缸密封存放，无色透明，生产厂家也习惯称银色特基拉）；金色特基拉（在白色橡木桶中存放，有金黄的色泽）。

4. 产地

墨西哥的特基拉（Tequila）地区。

5. 著名品牌

索杂特基拉（Sauza）（图 3.1）、何塞科尔弗特基拉（Jose Cuervo，Gold/Silver）（图 3.2）、白金武士特基拉（Conqui-stador）（图 3.3）、欧蕾特基拉（Ole）（图 3.4）。

6. 最佳食物搭配

特基拉浓烈的味道在加了盐之后，就能令饮用者胃口大开。因此，咸果仁、腌橄榄之类的小吃是特基拉的最佳搭配。

7. 品饮方法

特基拉在冷藏之后可用小肖特杯装载饮用，同时将青柠汁挤在手背上，撒上盐粒，边饮边舔手背上的盐，别有一番情趣。

3.2　白兰地（Brandy）

白兰地是英文 Brandy 的译音，Brandy 源于荷兰语 Branwijn（译成英文为 Burnt Wine，即"烧过的葡萄酒"），现专指以葡萄酒为原料蒸馏而成的烈性酒，而以其他水果为原料，用同样的方法制成的白兰地则在前面加上水果名称，如樱桃白兰地、苹果白兰地等。

金色　　　银色

图 3.1　索杂特基拉

图 3.2　何塞科尔弗
特基拉

图 3.3　白金武士特基拉

图 3.4　欧蕾特基拉

19

1．生产过程

白兰地生产过程为水果发酵—蒸馏—橡木桶盛装（在桶上标明所在地区、种植园、生产日期）—勾兑。

2．酒度及特点

白兰地酒度一般为40%～43%，口感柔和，香味醇正，呈琥珀色。

3．主要种类

1）法国白兰地

法国是世界上著名的白兰地产地，而法国白兰地则以干邑地区（Cognac）和雅文邑地区（Armagnac）出产的白兰地最负盛名，因此这两个地名也就成了世界优质白兰地的代名词。

（1）干邑（Cognac）：干邑是法国西南部夏朗德（Charente）省的一个港口小镇。16～17世纪，北欧的商船经常往来于该镇的洛雪（La Rochelle）港口运盐，同时都会带上一些干邑地区出产的略带酸味的葡萄酒。由于税收的原因，也是为了节省船舱空间，酒商常将葡萄酒进行蒸馏以缩小体积，抵达目的地后再加水勾兑，而正是因为这一工序使得干邑镇的白兰地酒声名远扬。

① 干邑酒的酿造工艺：葡萄采集 [主要品种包括：白玉霓（Ugni Blanc）、鸽笼白（Colombard）] —发酵（酒度为9%）——次蒸馏（酒度25%～30%，称为粗酒）—二次蒸馏（酒度为72%）—老熟存放— 勾兑 — 装瓶。

② 干邑酒的年份：干邑酒的年份越长，其味道越好。干邑酒的年份少则5年，长则50年。

干邑酒的质量等级表示：

a．用星级表示。最低为一星，最高为五星。每颗星表示陈酿1年。

b．用英文表示等级。V.S.O.（Very Superior Old）表示陈酿3年左右；V.S.O.P.（Very Superior Old Pale）表示用于调配这种酒的酒龄至少达到6年；X.O.（Extremely Old）代表陈酿时间长，酒龄至少在6年以上。

c．用人名表示等级。如拿破仑（Napoleon），属陈酿5年以上的优质酒。

③干邑的著名品牌：

a．人头马X.O.白兰地（Remy Martin X.O.）（图3.5）：法国人头马公司生产的顶级干邑酒。

b．人头马路易十三白兰地（Remy Martin Louis XIII）（图3.6）：法国人头马公司生产的极品干邑酒，只有陈酿时间超

图3.5　人头马X.O.白兰地

过 50 年的人头马干邑酒，才可以标称路易
十三。

　　c．马爹利 X.O. 白兰地（Martell X.O.）：
法国干邑地区的马爹利公司推出的一款口感
调配及外观设计均非凡出众的 X.O. 干邑白
兰地（图 3.7）。独特的拱形瓶身、非凡的
口感享受，是睿智与灵感的象征，更完美
展现了尚·马爹利一生对干邑艺术的不懈
追求。马爹利 V.S.O.P. 白兰地（图 3.8）也
很受消费者欢迎。

　　d．轩尼诗 X.O. 白兰地（Hennessy
X.O.）：轩尼诗公司于 1870 年推出的 X.O.
级干邑白兰地（图 3.9），由世代相传酿酒师
精心调和 100 多种来自干邑地区内四大顶级
葡萄产区的"生命之水"而成，其中更蕴含
50 年以上的陈酿。馥郁芬芳的醇厚酒味和
感性、豪华极具现代感的品质完美诠释了
顶级 X.O. 的真谛。

　　e．金 花 X.O. 白兰地（Camus X.O.）：
金花 X.O. 白兰地（图 3.10）产自波尔多地
区的让·保罗·卡莫斯（Jean-Paul Camus）

图 3.6　人头马路易十三白兰地

图 3.7　马爹利 X.O. 白兰地

图 3.8　马爹利 V.S.O.P. 白兰地

图 3.9　轩尼诗 X.O. 白兰地

葡萄园。这款精品白兰地有一种独特的花香，以紫罗兰为主，配以淡淡的榛果仁香味。金花 X.O. 白兰地的水果感和辛辣感使人备感清新，口感醇正，清凉且微辣。

（2）雅文邑白兰地（Armagnac）：法国另一著名白兰地生产地雅文邑出产的白兰地酒（图 3.11）。

① 工序：基本与干邑的生产相同，只是生产过程是绝对间歇式的，乙醇含量高。

② 等级：法国法律规定，至少陈酿 2 年以上的雅文邑白兰地才可以标以 V.O. 和 V.S.O.P.。Extra 则表示陈酿 5 年，而 Napoleon 表示陈酿 6 年。

2）其他白兰地

（1）意大利白兰地：主要生产渣酿白兰地（Grappa，图 3.12），风味浓厚，饮用时需加冰块和水。

（2）西班牙白兰地：柔和芳香，味道较甜，质量仅次于法国。著名品牌包括乐番图白兰地（Lepanto，图 3.13）等。

（3）德国白兰地：德国最有名的出口品牌是乌莱特白兰地（Uralt，图 3.14）。

（4）美国白兰地：主要产自加利福尼

图 3.10　金花 X.O. 白兰地

图 3.11　雅文邑白兰地

图 3.12　渣酿白兰地

图 3.13　乐番图白兰地

亚州，以连续蒸馏法生产，口味清淡。主要品牌有格美·罗宾 X.O. 白兰地（Germain-Robin X.O.，图 3.15）。

（5）日本白兰地：主要用单罐蒸馏器生产，芳香爽口，有三得利 V.S.O.P. 白兰地（图 3.16）和三得利 X.O. 白兰地（Suntory X.O.）。

（6）张裕金奖白兰地：中国张裕集团有限公司产销量最大的葡萄酒品种之一，约占中国同类酒产销总量的 90% 以上。它不仅行销全国，而且出口 20 多个国家和地区。张裕集团有限公司生产白兰地已有百年历史，早在 1915 年巴拿马万国博览会上就荣获金奖，"金奖"二字由此而来（图 3.17）。

4.　白兰地的品饮方法

最好的、年份最久的白兰地在饮用时

图 3.15　格美·罗宾 X.O. 白兰地

图 3.16　三得利
V.S.O.P. 白兰地

图 3.14　乌莱特白兰地

图 3.17　张裕金奖白兰地

是绝对不应该与其他液体混合的。年份短些的白兰地则可以与苏打水调和。也有人在饮用白兰地时喜欢兑入大量的冰水。

5. 干邑酒的品饮方法

优质干邑酒应该直接饮用，不需要加入调和液或者冰块。传统上，干邑酒只用矮脚的圆肚形玻璃杯装载，因为这种玻璃杯可以有足够的空间让酒液在杯中晃动，矮脚设计则是为了使饮酒者手握酒杯时手温把酒液温热。

3.3 比特酒（Bitters）

比特酒是指任何含有苦草药或者苦根的烈酒，具有药用和滋补功效。酒度为18%~45%。苦味较大。

（1）产地：比特酒在世界许多地方都有生产，法国、意大利、匈牙利及特立尼达产的比特酒最著名。

（2）种类：既有浓香型的，也有清香型的；既有淡色的，也有深色的；既有普通比特酒，也有比特精酒（苦精酒）。

（3）著名品牌：

① 杜本内比特酒（Dubonnet）（图3.18）：产于法国巴黎，以葡萄酒为基酒，配以50多种精选草药及香辛料，酒色深红，药香突出，苦中带甜。分红、白两种杜本内比特酒，以红杜本内比特酒最有名，酒度为18%。饮用时加冰、加一片柠檬以缓解苦味。

② 安高斯突拉比特酒（Angostura）（图3.19）：产于特立尼达，是世界最著名的比特酒之一，酒名源自委内瑞拉的一个小镇，该酒以朗姆酒为基酒，以龙胆草

为调制原料，药香悦人，口味微苦，酒度为44%。常用于调制鸡尾酒。

③ 金巴利比特酒（Campari）（图3.20）：产自意大利米兰，是意大利最著名的苦味

图 3.18 杜本内比特酒

图 3.19 安高斯突拉比特酒

开胃酒，草药味浓，颜色红亮，适合与俱乐部苏打水（Club Soda）调制鸡尾酒。

（4）品饮方法：金巴利比特酒最好是与苏打水一起混合饮用，同时配柠檬皮丝。柠檬皮丝不需要放入酒液中，只是在需要时挤榨皮中的汁液。

3.4　苹果酒（Calvados）

在一些不能种植葡萄的地方，用其他种类的水果也可以生产蒸馏酒，而可以作为最重要的乙醇来源的水果就是苹果了。最早的苹果蒸馏酒要追溯到1553年。

（1）主要产地：法国北部的诺曼底地区，美国的新泽西州。

（2）生产过程：每年9～12月采摘苹果，将不同品种的苹果汁液混合后发酵成乙醇含量为5%～6%的苹果低度酒。然后将其进行两次蒸馏或者连续蒸馏，所得到的烈酒即可装入桶中存放，时间长短不一，有的可以存放40年以上。其装瓶酒度为40%～45%。

（3）年份表示：与葡萄酒白兰地相似。

①三星级：在桶中至少存放了2年。

②Vieux或Reserve：3年。

③V.S.O.P.：4年。

④Hors d'Age：6年以上。

（4）著名品牌：

①法国：巴斯内苹果酒（Busnel Calvados，图3.21）。

②美国：莱姿苹果酒（Laird's Applejack，图3.22）。

图3.20　金巴利比特酒

图3.21　巴斯内苹果酒

图3.22　莱姿苹果酒

（5）品饮方法：酒龄短的苹果酒与汤力水混合饮用的效果极佳。不过，酒龄长的酒，如那些标有 Horsd'Age 的苹果酒则必须为直接饮用。

 知识回顾

（1）特基拉有几种类型？著名的品牌有哪些？

（2）白兰地的特点是什么？主要种类有哪些？

（3）比特酒有哪几种类型？

（4）苹果酒有哪些主要产地？

（5）苹果酒的年份是如何表示的？

专题 4 利口酒

利口酒

[学习准备]（1）准备君度、金万利、古拉索、绿薄荷、三步卡、马利宝、添万利、卡露瓦等利口酒实物或者空瓶。

（2）准备玻璃闻酒杯、塑料吸管、漱口水、一次性漱口杯、垃圾桶。

[学习目标] 了解和掌握利口酒的基本知识及主要类别，熟悉主要几种利口酒的特点、原料、种类及品牌。

[创业准备]（1）了解本专题列举的所有利口酒中相关品牌产品的单价。

（2）熟记本专题介绍的所有利口酒的外文名。

学习内容

利口酒也叫餐后甜酒，由法文 Liqueur 音译而成，有的译为"力姣"、"力娇"、"利乔"或者"露酒"。美国人则将其称为 Cordial。利口酒是在白兰地、威士忌、朗姆酒、金酒、伏特加或者葡萄酒中加入香料，经过蒸馏、浸泡等过程而形成的一种有甜味、加香的配制酒。其特点是颜色娇美，气味芬芳独特，酒味甜蜜。

4.1 生产方法

（1）浸泡法：将果实、药草、果皮等浸入酒中，再经分离而成。

（2）滤出法：将所用的香料全部过滤到酒中。

（3）蒸馏法：将香草、果实等放入酒中加以蒸馏。这种方法多用于生产无色透明的酒，也可以在蒸馏后添加甜味剂和食用色素。

（4）香精法：将植物的天然香精加入

白兰地或其他烈酒中，再调颜色和糖度。

4.2　利口酒的种类

利口酒的种类繁多，多达上千种。按照其调香成分可以分为四大类。

1）水果类

水果类利口酒以水果（果实或果皮）为调香原料，主要采用浸泡法生产，具体包括柑橘、樱桃、桃子等利口酒。

2）种子类

种子类利口酒以植物的种子为调香原料，包括咖啡、可可、杏仁、薄荷等利口酒。

3）药草类

药草类利口酒以药草植物为调香原料，经蒸馏过滤而成，包括茴香等利口酒。

4）乳脂、蛋类

乳脂、蛋类利口酒以各种香料和乳脂、鸡蛋调配而成的酒，包括蛋黄、奶油等利口酒。

4.3　利口酒名品

（1）君度（Cointreau）（图4.1）：1849年最早由法国Cointreau家族的兄弟俩推出的最受欢迎的香橙味利口酒之一。

①原材料：白兰地、橙皮。

②生产过程：将葡萄白兰地进行两次蒸馏后，用橙皮调香，然后加糖并用其独有的植物原料进一步增加香醇。

③特点：无色，香橙口味，也带有轻微的药草味，酒劲大，甜味明显。可单饮、加冰饮用或调制鸡尾酒。

（2）金万利（图4.2）/大马尼尔（Grand Marnier）：全球最受欢迎的香橙味利口酒之一，主产于法国干邑地区。酒的颜色分为黄色和红色，黄色的金万利酒度为34%；由橙皮和干邑配制的红色金万利最有名，酒度为40%。

图4.2　金万利

图4.1　君度

①原材料：加勒比地区苦橙的汁液、优质干邑酒。

②生产过程：将蒸馏过的加勒比地区苦橙的汁液与优质的干邑进行混合，在两者的口味经过充分融合后进行再次蒸馏、加糖后用木桶陈化一段时间。

③特点：有明显的苦橙味和甜味。品质与干邑相当，品饮方法与最好的干邑酒相同，也是调制"B-52轰炸机"鸡尾酒的经典配料，酒度一般为40%。

（3）古拉索（Curacao）：最早产于荷兰的一种以朗姆酒为基酒的利口酒，后由多个国家的多家公司生产。图4.3所示为蓝色古拉索。

①原材料：野橙树的花及干橙皮、葡萄白兰地或者其他中度烈酒。

②生产过程：将野橙树的花朵浸泡到葡萄白兰地或者其他烈酒中，所产生的带香酒液再按照风味要求加糖、澄清、配色后即可装瓶出售。

③特点：橙味明显，也有略带苦橙味的。颜色多样，既有无色透明的，也有亮蓝色、深绿色、红色及黄色。酒度一般为25%～30%。古拉索可与汤力水混合成口感极好的长饮鸡尾酒。

（4）白兰地利口酒（Liqueur Brandies）：一些水果味利口酒习惯上都被叫作白兰地，尽管它们实际上与白兰地并无联系。常见的三种水果味白兰地为：樱桃味白兰地、杏仁味白兰地及桃子味白兰地。

①原材料：水果汁液、果核、葡萄烈酒、糖浆。

②生产过程：将相关的水果汁液、果核与一种中度的葡萄烈酒进行混合，并加入糖浆，浸泡一段时间直至水果的风味全部溶入酒液中。如果水果本身就很甜，就要减少糖浆的比例。

③特点：杏仁味白兰地（图4.4）味干，主产于法国；樱桃味白兰地主产于英

图4.3　蓝色古拉索

图4.4　杏仁味白兰地

国；桃子味白兰地不是很常见，主要由法国的波士（Bols）公司生产，也有由DeKuyper公司生产的，其口味不如杏仁味白兰地特别。酒度一般为24%～28%，是最佳的助消化酒水，可用白兰地杯少量饮用。

（5）利口液（Creme Liqueur）：外文酒名中只要含有Crème de前缀的利口酒都可以归入此类。但是这些酒与奶油利口酒毫无关系。最初，Crème这个词仅仅是为了表明某个酒是有甜味的利口酒，以区别于干邑或者苹果酒。利口液主产于法国。

① 原材料：葡萄白兰地、相关风味的香精。

② 生产过程：将香精在酒液中加热或者冷浸，使酒液产生某种风味，然后进行过滤、加糖。如果酒液不能形成天然的颜色，就需要加入食用色素。

③ 特点：酒的风味可以直接从酒名看出，通常以一种水果命名，其颜色艳丽，如Crème de Menthe（薄荷利口液）（图4.5）。利口酒装瓶酒度多为25%～30%，最好与碎冰一起品饮，而不要净饮。

（6）美多利绿瓜（Midori）（图4.6）：一种由日本三得利公司（Suntory）于1978年推出的利口酒，现产于墨西哥。该酒的味剂以绿瓜为主，这种口味在利口酒中并不常见，不过其艳丽的绿色是其销售亮点。"Midori"一词在日文里就是绿色的意思。不过这种酒的味道更接近于香蕉，酒度为20%。美多利绿瓜利口酒适宜于混合品饮，尤其是与冰镇果汁配合品饮效果更好。

图4.5 薄荷利口液

图4.6 美多利绿瓜

（7）三步卡（Sambuca）（图4.7）：一种20世纪70年代开始流行的意大利产利口酒。其名称源自于接骨木（Elderberry）的植物学名称Sambucus Nigra。

品饮三步卡的经典习俗是在装有酒液的杯中放入三粒咖啡豆，然后点火燃烧（图4.8）。三粒咖啡豆分别代表财富、幸福、爱情。饮用时需要先将火焰吹灭，然后一饮而尽。在罗马，三步卡酒中放咖啡豆并不仅仅是一种装饰，如果客人要求在酒中配咖啡豆，就意味着要将咖啡豆烧至爆裂才可品饮。

图4.7　三步卡

图4.8　燃烧中的三步卡

（8）阿玛热图（Amaretto）（图4.9）：在所有以杏仁为主要调香原料的利口酒中，阿玛热图是最有名的。

① 原材料：杏仁提取液、杏子、白兰地。

② 生产过程：将杏子在杏仁提取液、白兰地中浸泡后形成新的酒液，加入糖浆，使其颜色变成深棕色。

③ 特点：杏仁味明显，可以加入冰淇淋中，品饮时倒入碎冰中感觉最佳。而在鸡尾酒中，阿玛热图能够与干邑和金酒很好地融合。

④ 著名品牌：最著名的阿玛热图是意大利的依瓦（Illva）公司生产的Disaronno Originale品牌，其瓶形及商标如图4.9所示。

图4.9　阿玛热图

（9）马利宝椰味朗姆酒（Malibu）（图4.10）：一种产于牙买加的一种极具加勒比地区特色、带有椰子口味的利口酒。奶白色的玻璃瓶上一幅日落时分的热带风光图是其独特的标志，其是椰子口味利口酒中最著名的品牌。

图4.10　马利宝椰味朗姆酒

① 原材料：巴巴多斯白朗姆酒、干椰子肉、椰子汁液。

② 生产过程：大多数椰子口味的利口酒是以优质的白朗姆酒为基酒，但是也有少数是用其他中性谷物酒为基酒的。干椰子肉和椰子汁液主要用于调制酒的口味，调香后的酒液需要加糖，并进行过滤。

③ 特点：椰香宜人，不是很甜，酒度相对较低，一般为24%，适合与泰国菜、印度尼西亚菜搭配，也可用于奶油冰淇淋中。

（10）坚果利口酒（Nut Liqueur）：特指以榛子、核桃、杏仁等坚果口味为主的利口酒，主产于法国和意大利。

① 原材料：白兰地、榛子、核桃、杏仁。

② 生产过程：将上述坚果切片后与酒液混合，入味后再加糖、过滤。

③ 特点：所有坚果类利口酒都很甜，有糖浆的质感，酒度为25%，是鸡尾酒不可多得的配料，适合与碎冰一起品饮。

④ 著名品牌：诺西诺（Nocello）（图4.11左），意大利产核桃味利口酒；弗朗杰里科（Frangelico）（图4.11右），20世纪80年代推出的榛子口味利口酒。

（11）添万利（Tia Maria）（图4.12）：产自牙买加的深棕色咖啡口味利口酒，在欧美颇受欢迎，其配方有300年的历史。

① 原材料：牙买加深色朗姆酒、蓝山优质咖啡豆、香草等。

② 生产过程：将优质咖啡豆、多种香辛料加入老陈的朗姆酒中，略加甜味。

图4.11　诺西诺（左）、弗朗杰里科（右）

图4.12　添万利

③ 特点：略甜，酒度为 27% 左右。适合与可乐调和，也可与橙汁调和，是意大利甜品提拉米苏的最好佐餐酒。

（12）卡露瓦（Kahlua）：也叫甘露咖啡，是主产于墨西哥的深棕色咖啡口味利口酒（图 4.13）。

① 原材料：咖啡豆、白色朗姆酒。

② 特点：比添万利酒稍微稠些，但是不如添万利酒甜，而且略带香草、肉桂的味道，可以增强冰淇淋的口感。

（13）可可液（Creme De Cacao）：有巧克力味道的利口酒，分棕色可可液（香草味）和白色可可液（比较甜）（图 4.14）。

特点：可提高巧克力甜品丰富的口感，也可以在寒冷的冬天里加入热咖啡中，还能与椰子液很好地融合。

（14）奶油利口酒（Cream Liqueurs）：主产于爱尔兰的一种利口酒。

① 原料：威士忌、奶油。

② 特点及酒度：有很明显的奶油味及相应的风味，如咖啡风味、太妃糖风味、巧克力风味，酒度为 17%。

③ 主要品牌：百利（Bailey's）、嘉伯利（Cadbury's）、多利奶油（Dooley's）（图 4.15）。

（15）鸡蛋酒（Advocaat）（图 4.16）：荷兰产利口酒。

① 原料：葡萄白兰地、蛋黄及糖。

② 特点及酒度：黏稠、呈蛋黄色，有鸡蛋腥味，酒度为 15%～17%。

③ 饮用方法：在其原产国荷兰，鸡蛋酒是作为一种开胃酒饮用的。在没有调和时，一般需要用茶匙饮用。

图 4.13　卡露瓦

棕色可可液　　白色可可液

图 4.14　可可液

百利　　　　多利奶油

图 4.15　奶油利口酒

（16）本尼丁（Benedictine）：也称为当酒（DOM）（图4.17），由法国北部诺曼底地区一位名叫当·伯纳多（Dom Bernado）的僧人于1510年配制而成，1789年法国革命后停止生产。19世纪60年代，亚历山大·乐·格兰在一堆发黄的文件中发现了当酒的秘密配方后，又恢复了该酒的生产。

① 原料：以干邑酒为基酒，含有56种草药、橙皮及香辛料成分。

② 特点及酒度：酒液呈亮金色，有明显的蜂蜜味，甜中带辣，是蜂蜜口味冰淇淋的最佳搭配酒，酒度为40%。

③ 饮用方法：最理想的饮用方式是在餐后用大号的利口酒杯净饮。

（17）杜林标（Drambuie）（图4.18）：苏格兰产经典利口酒。其配方于1746年由查尔斯·斯图亚特王子赠于约翰·麦金农，1906正式生产后一直由麦金农家族拥有。

① 配料：苏格兰威士忌、花蜜、草药。

② 酒度：装瓶酒度为40%。

③ 饮用方法：既可以加冰块饮用，也可以与普通威士忌混合饮用。

（18）加里安努（Galliano）：意大利产金黄色利口酒，因其独特的锥形酒瓶而著称。1896年由酒商伐卡里发明，他将该酒命名为Galliano是为了纪念一位名为久赛普·加里安努的意大利士兵（图4.19）。

① 配料：尽管该酒的配方仍然是高度机密，但据说是将30多种草药、根茎、浆果及阿尔卑斯山坡上的花朵浸入中性烈酒和水中，然后进行蒸馏而成。

② 特点及酒度：具有很浓的茴香味和香草味，装瓶酒度为35%。

图4.16　鸡蛋酒

图4.17　当酒

图4.18　杜林标

图 4.19　加里安努

③ 饮用方法：加里安努不适合单独饮用，但可以调制多款鸡尾酒，最常见的是与伏特加、橙汁一起调制出经典的哈维·沃班杰（Harvey Wallbanger）。

4.4　利口酒的饮用和服务标准

（1）纯饮：水果类利口酒最好冰镇后饮用；香草类利口酒宜冰镇饮用；种料类利口酒宜常温饮用；乳脂类利口酒采用冰桶降温后饮用。

（2）加冰饮用：在鸡尾酒杯或葡萄酒杯中加入半杯冰块，再注入利口酒，用吸管饮用。

（3）混合饮用：在平底杯中加入冰块，注入一份利口酒，可以掺和汽水、果汁饮用，也可以将利口酒加在冰淇淋或果冻中饮用。

4.5　利口酒的相对密度

利口酒中糖的成分越多，相对密度就越大。因此在调制彩虹鸡尾酒等叠层酒时必须考虑到其先后顺序。重的先倒，轻的后倒。当然，也可以人为地改变利口酒的相对密度，即加糖可以使其加重，加伏特加酒可以使其变轻。具体见利口酒相对密度表。

利口酒相对密度表

利口酒类别	品牌或制造商	相对密度
橙类利口酒（Orange Liqueur）	金万利（Grand Marnier）	1.03
橙类利口酒（Orange Liqueur）	君度（Cointreau）	1.038 5
樱桃白兰地（Cherry Brandy）	得库帛（DeKuyper）	1.039 2
黄桃白兰地（Peach Brandy）	得库帛（DeKuyper）	1.041 4
薄荷利口酒（Peppermint Schnapps）	得库帛（DeKuyper）	1.043 5
杏仁白兰地（Apricot Brandy）	得库帛（DeKuyper）	1.043 7
椰子味朗姆酒（Coconut Rum）	马利布（Malibu）	1.044
阿马如拉奶油利口酒（Marula Cream Liqueur）	阿马如拉（Amarula）	1.049 5
咖啡白兰地（Coffee Brandy）	得库帛（DeKuyper）	1.054 3
爱尔兰奶液（Irish Cream）	卡罗兰（Carolans）	1.055
黑莓白兰地（Blackberry Brandy）	得库帛（DeKuyper）	1.055 2
爱尔兰奶液（Irish Cream）	百利（Baileys）	1.057
榛子味利口酒（Hazelnut Liqueur）	佛朗杰里科（Frangelico）	1.065
金巴利（Campari）	金巴利（Campari）	1.066 41
脆普色（Triple Sec）	得库帛（DeKuyper）	1.066 8
白巧克力利口酒（White Chocolate Liqueur）	高蒂瓦（Godiva）	1.068 1
橙味古拉索（Orange Curacao）	得库帛（DeKuyper）	1.068 3
榛子味利口酒（Hazelnut Liqueur）	得库帛（DeKuyper）	1.068 5
蓝色古拉索（Blue Curacao）	得库帛（DeKuyper）	1.070 4
薄荷味爱尔兰奶液（Irish Cream with Mint）	百利（Baileys）	1.070 55
焦糖味爱尔兰奶液（Irish Cream with Caramel）	百利（Baileys）	1.071 21
当酒（Benedictine）	本尼丁（Benedictine）	1.072
卡普奇诺利口酒（Cappuccino Liqueur）	高蒂瓦（Godiva）	1.074 9
可可奶油利口酒（Cocoa Cream）	特基拉玫瑰（Tequila Rose）	1.075
爪哇奶油利口酒（Java Cream）	特基拉玫瑰（Tequila Rose）	1.075
草莓味奶油利口酒（Strawberry Cream）	特基拉玫瑰（Tequila Rose）	1.075

续表

利口酒类别	品牌或制造商	相对密度
巧克力奶油味利口酒（Chocolate Cream Liqueur）	高蒂瓦（Godiva）	1.077 28
咖啡利口酒（Coffee Liqueur）	卡露瓦（Kahlúa）	1.079
巧克力利口酒（Chocolate Liqueur）	高蒂瓦（Godiva）	1.079 1
香蕉液利口酒（Crème de Banana）	得库帛（DeKuyper）	1.082 2
苹果利口酒（Apple Schnapps）	得库帛（DeKuyper）	1.084 4
蓝莓味利口酒（Blueberry Schnapps）	得库帛（DeKuyper）	1.086 3
葡萄味利口酒（Grape Pucker）	得库帛（DeKuyper）	1.086 4
绿色薄荷液（Crème de Menthe）（Green）	得库帛（DeKuyper）	1.088 5
三步卡（Sambuca）	罗马纳三步卡（Romana Sambuca）	1.09
茴香利口酒（Anisette Liqueur）	得库帛（DeKuyper）	1.092 1
蜜瓜利口酒（Melon Liqueur）	得库帛（DeKuyper）	1.092 4
酸苹果利口酒（Sour Apple Pucker）	得库帛（DeKuyper）	1.094 4
添万利咖啡利口酒（Coffee Liqueur）	添万利（Tia Maria）	1.095
黄桃利口酒（Peach Pucker）	得库帛（DeKuyper）	1.096 1
草莓利口酒（Strawberry Liqueur）	得库帛（DeKuyper）	1.100 5
阿玛热图（Amaretto）	得库帛（DeKuyper）	1.102
白色薄荷液（Crème de Menthe）（White）	得库帛（DeKuyper）	1.111 2
深色可可液（Crème de Cacao）（Dark）	得库帛（DeKuyper）	1.114 1
白色可可液（Crème de Cacao）（White）	得库帛（DeKuyper）	1.120 4
黑加仑子液（Crème de Cassis）	得库帛（DeKuyper）	1.121 1
蓝色古拉索（Blue Curacao）	芬尼斯柯（Finest Call）	1.129 2
红莓利口酒（Raspberry Liqueur）	香波（Chambord）	1.13
脆普色（Triple Sec）	芬尼斯柯（Finest Call）	1.133 9
咖啡利口酒（Coffee Liqueur）	得库帛（DeKuyper）	1.138 9
红莓利口酒（Raspberry Liqueur）（Razzmatazz）	得库帛（DeKuyper）	1.139
石榴糖浆（Grenadine）	芬尼斯柯（Finest Call）	1.286 7

知识回顾

（1）利口酒的生产方法有哪几种？

（2）利口酒按照其调香成分可以分为哪些类型？

（3）古拉索利口酒的特点是什么？

（4）说出三种水果白兰地利口酒。

（5）美多利绿瓜利口酒的销售亮点是什么？

（6）坚果利口酒的原材料是什么？

（7）卡露瓦主产于哪个国家？

（8）奶油利口酒的主要品牌有哪些？

（9）本尼丁和当酒是不是指的同一类型的利口酒？

（10）利口酒有几种饮用方法？

葡萄酒、香槟酒
及加强葡萄酒

[学习准备] （1）准备不同类别的葡萄酒实物或者空瓶。

（2）准备高脚葡萄酒酒杯、香槟酒杯、塑料吸管、漱口水、一次性漱口杯、垃圾桶。

[学习目标] 了解和掌握葡萄酒、香槟酒、加强酒的基本知识及主要类别，熟悉主要几种葡萄酒、香槟酒和加强酒的特点、原料、种类及主要品牌。

[创业准备] （1）了解本专题列举的葡萄酒、香槟酒及加强酒中相关品牌产品的单价。

（2）熟记本专题介绍的各种酒的外文名。

学习内容

5.1　葡萄酒（Wine）

葡萄酒是以100％的葡萄汁为原料经过自然发酵而酿造的酒。世界上葡萄酒质量最好的国家当属法国。德国、意大利、西班牙、葡萄牙等欧洲国家，美国、澳大利亚、中国等国家也能生产质量上乘的葡萄酒。

影响葡萄酒质量的因素有两个：一是原料，即葡萄；二是酿造技术。

世界著名的葡萄品种分为白葡萄类和红葡萄类两种。白葡萄类主要品种有雷司令（Riesling）（图5.1）、霞多丽／莎当尼（Chardonnay）（图5.2）。红葡萄类主要品种有甘美（Gamay）（图5.3）、黑品诺（Pinot Noir）（图5.4）、赤霞珠（Cabernet Sauvignon）（图5.5）。

图 5.1 雷司令白葡萄

图 5.2 霞多丽／莎当尼葡萄

图 5.3 甘美红葡萄

图 5.4 黑品诺红葡萄

图 5.5 赤霞珠红葡萄

5.2　葡萄酒的分类

国际葡萄与葡萄酒组织（OIV）将葡萄酒分为两大类：普通葡萄酒和特殊葡萄酒。

1. 普通葡萄酒

普通葡萄酒有以下几种分类方法：

1）按颜色分类

普通葡萄酒按颜色分为红葡萄酒、粉红葡萄酒、白葡萄酒。

（1）红葡萄酒（Red Wine）。红葡萄酒的酿造工艺较为复杂，因为葡萄汁需要经过染色。尽管红葡萄的皮是红的，也可能是紫色的，但是所榨出的葡萄汁却是无色透明的。红葡萄酒是以红色或紫色葡萄为原料，将破碎后的肉、皮、汁混在一起发酵。以这种办法酿出的葡萄酒含有很高的单宁（tannin）和色素。

① 酒色：紫红色或深红色。

② 特点：酒体丰满醇厚，略带苦涩味，宜与牛肉等颜色深、口味重的菜肴配合饮用。

③ 常见的红葡萄酒品种有解百纳（Cabernet）（图5.6）、赤霞珠（Cabernet Sauvignon）（图5.7）、梅洛（Merlot）（图5.8）。梅洛红葡萄酒主产于智利，美国也有生产。

（2）粉红葡萄酒（Pink Wine）：与红葡萄酒的酿造方法基本相同，只是葡萄皮渣在葡萄汁液中浸泡的时间较短，大约在24小时以内。

① 酒色：呈淡淡的玫瑰色或者粉红色。

② 特点：既有白葡萄酒的芳香，又有红葡萄酒的和谐与丰满，很受女士喜爱。

图5.6　解百纳

图5.7　赤霞珠

图5.8　梅洛

可与各种菜肴搭配。

③ 常见的品种：玫瑰红酒（Rose Wine）（图 5.9）、白金粉黛（White Zinfandel）（图 5.10）。

（3）白葡萄酒（White Wine）（图 5.11）：在三种颜色的葡萄酒中，白葡萄酒的生产是最简单的，主要用白葡萄酿造。用红葡萄酿造时，需在榨汁后将葡萄皮与汁液迅速分离。

① 酒色：深金黄色、浅麦秆色或者几乎无色。

② 外观：清澈透明。

③ 口感：微酸，果香芬芳，宜与鱼、虾等海鲜食物配合饮用。

2）按含糖量分类

普通葡萄酒按含糖量分为干葡萄酒、半干葡萄酒、半甜型葡萄酒、甜葡萄酒。

（1）干葡萄酒（Dry Wine）：指糖含量在 4 克／升以下，基本尝不出甜味，如王朝干红、长城干白。

（2）半干葡萄酒：糖含量为 4～12 克／升，有微弱甜味，如王朝半干葡萄酒。

（3）半甜型葡萄酒：糖含量为 12～50 克／升，有明显甜味。

（4）甜葡萄酒：糖含量为 50 克／升以上，特甜，如长城红葡萄酒。

2. 香槟酒及起泡酒（Champagne & Sparkling Wines）

香槟酒是产于法国香槟地区的一种起泡葡萄酒，其中含有葡萄自然发酵时所产生的二氧化碳，气压在 20℃ 条件下大于0.3 帕斯卡。酒度为 8%～14%。

图 5.9 玫瑰红酒

图 5.10 白金粉黛

图 5.11 白葡萄酒

全球最著名的香槟酒：法国产 Moet & Chandon（图 5.12 上）、Bollinger，西班牙产 Freixenet Cava（图 5.12 中）、新西兰产 Bluff Hill（图 5.12 下）。

而加汽葡萄酒（Carbonated Wine）与起泡葡萄酒相似，只是其中的二氧化碳为人工加注。强化葡萄酒 / 加强葡萄酒（Fortified Wine）则是在发酵过程中加入部分白兰地，以提高酒度、抑制发酵。

1）香槟酒风格分类

（1）超天然干（Brut Natural）："骨干型"香槟，每升含糖量不足 0.6%，往往感觉不到糖的含量，有时也叫作 Extra Brut。

（2）天然干（Brut）：最常见的香槟种类，而且是任何一种香槟或者起泡酒的核心。每升含糖量为 0.5%～1.5%（图 5.13）。

（3）超干（Extra Dry）：每升含糖量为 1.0%～2.0%。

（4）干（Sec）：Sec 这一术语表示"干"，这类香槟酒中糖的含量很明显，往往每升为 2.0%～3.5%。

（5）半干（Demi Sec）（图 5.14）：这类香槟相当甜，可与甜品一同饮用。

（6）最甜（Doux）：最甜的香槟，含糖量最低为 5.5%，某些情况下高达 8%。

2）香槟酒标上的重要术语

（1）非年份香槟酒（Non Vintage）（图 5.15）：非年份香槟是指并非只用同一年份采摘的葡萄酿造的香槟，也就是将几种不同年份的葡萄混合在一起从而获得相同质量的香槟酒。

Moet & Chandon

Freixenet Cava

Bluff Hill

图 5.12　香槟酒

图 5.13　标有"BRUT"字样的香槟酒酒标

43

图 5.14　半干香槟酒

图 5.15　非年份香槟酒

（2）年份香槟酒（Vintage）（图 5.16）：当天气条件有利于葡萄生长时，酒商可以不必将不同年份的酒进行混合。要想使一种香槟标称为"年份香槟"，酿造该酒所

用的葡萄中 80% 必须是所标年份收获的葡萄。

（3）白葡萄酿造的白香槟酒（Blanc de Blanc）（图 5.17）：这类香槟只用霞多丽葡萄酿造。法国香槟地区只有 25% 的葡萄园种植霞多丽，因此这类香槟的价格往往比较高。

（4）黑葡萄酿造的白香槟酒（Blanc de Noir）（图 5.18）：这类香槟是由两个红葡萄品种——黑品诺、红品诺（Pinot Noir、Pinot Meunier）酿造而成，酒体最丰富。

（5）玫瑰红香槟酒（Rose）（图 5.19）：如果少量红酒被加入白葡萄酒中，或者让红葡萄的汁液与白酒液略加接触，所产生的香槟就会是玫瑰红。多数玫瑰红属于干型香槟酒，口味高雅丰富。

图 5.16　年份香槟酒

（6）极品香槟酒（Tete de Cuvee）：多数香槟厂家都有自己的极品香槟酒，并会为这些极品酒取有纪念意义的名字。例如，Veuve Clicquot 将其极品香槟取名为"La Grande Dame"（贵妇人）来纪念 Cliquot 夫人。

5.3　葡萄酒的名称和酒标

葡萄酒的四种命名方式：

（1）以葡萄品种命名（varietal Wine）：即以生产葡萄酒的品种命名，如霞多丽／莎当尼。

（2）以产地命名（appellation/regional Wines）：以葡萄酒的产地命名，如波尔多红葡萄酒（Bordeaux）、夏布里斯白葡萄酒(Chablis)。以产地命名在法国、意大利最为普遍。其命名格式为 Appellation＋产地名＋

图 5.18　标有黑葡萄酿造的白香槟酒"BLANC DE NOIRS"字样的香槟酒标

图 5.17　白香槟酒酒标

图 5.19　玫瑰红香槟酒

Controlee，意为某产地名受法律保护，如 Appellation Chablis Controlee 表示"夏布里斯是合法的产地"（图 5.20）。

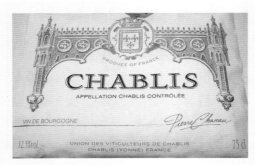

图 5.20 标有"APPELLATION CHABLIS CONTROLEE"字样的葡萄酒酒标

（3）专有名（proprietary name）：既不是地名也不是葡萄品种名字，如 Blue Nun 等。

（4）通用名（generic name）：用著名葡萄酒产地的名称来泛指并非出自该产地的葡萄酒，如勃艮第（Burgundy）。

5.4 葡萄酒的品饮

品饮葡萄酒时须动用五官来观（seeing）、嗅（smelling）、触（touching）、品（tasting）、听（hearing，碰杯时），从而达到真正享受葡萄酒的醇美。

1. 观色泽

一定要选用优质的玻璃杯，忌用纸杯或塑料杯。观察时，将装有葡萄酒的玻璃杯推离自己，以白色背景（白口布、白纸）为衬托。

葡萄酒的颜色可以反映出以下几种特点：

1）品质的好坏

随着酒龄的增长，葡萄酒的颜色会变成深色或棕色。这主要是氧化造成的，说明瓶中有空气进入。为了保证瓶塞处于饱满状态，葡萄酒酒瓶一般要卧放。大多数葡萄酒应该在 2～3 年里饮用。

2）酒体（body）的轻重

一般规律：颜色越深酒体越丰富、厚重。如果同时比较品尝几种葡萄酒时，站起来朝玻璃杯的顶部看，就可以发现不同酒的色差，酒体厚重的酒颜色就深些。

注意：观察时，要摇动酒杯，摇酒是品酒的关键。因为乙醇会在摇动时挥发，使酒的香味被闻到。

2. 嗅/闻香气

可以把鼻子贴近酒杯的边缘，吸进香气，然后想一想闻到的是什么样的气味（图 5.21）。

3. 品滋味

品滋味主要靠舌头：舌尖品甜味，舌两侧品苦味，舌根品酸味，靠近舌根的后两侧品咸味。通过品酒，可以体会出：

（1）酒体和质感（body and texture）：红葡萄酒的厚重，起泡葡萄酒的泡泡等。

（2）口味（taste）：甜、酸、苦。

（3）香味（flavor）：口中的热量有助于把葡萄酒的香味传送至味蕾，从而使品酒者区分出是什么酒。

（4）平衡（balance）：即对葡萄酒的总体印象，也就是酒中的酒体、质感、香味、甜、苦、酸是否和谐。不同口味之间的平

图 5.21　闻葡萄酒姿势

衡因酒而异。如果总体上能够令人心旷神怡，那就是平衡。

5.5　品酒术语解释

（1）单宁（tannin）：指能够影响唾液中蛋白质的复合酚分子。单宁如同红葡萄酒的颜色一样，是通过将红葡萄（有时也叫黑葡萄）的汁液与葡萄皮一起浸泡后形成的。酒体中单宁含量多时，就会在舌头的味蕾上产生一种干渴的感觉。

因酒的品种不同，单宁的感觉也会有差别：低（几乎感觉不出）—高（感觉干枯）—过量（苦涩）。

（2）酒体（body）：指葡萄酒在味蕾上的重量和感觉，一般来说，越感到干涩，葡萄酒的酒体就越厚重。

（3）橡木味（oakiness）：橡木可以使桶中的酒增加芳香、口感、酒体，有时还会改变酒的颜色（可以使白葡萄酒看上去更加黄亮）。橡木味可以通过两种方式获得：第一种是用橡木桶发酵；第二种是用橡木桶老陈（在酒庄里老陈几个月甚至几年是酿制葡萄酒的一个必备程序）。

5.6　波特酒（Port）

波特酒是用发酵葡萄汁与白兰地勾兑而成的配制酒，是著名的加强葡萄酒之一。其色泽艳丽，是极好的餐后甜酒。

1. 种类

（1）宝石红波特（Ruby Porto）：陈酿5～8 年、酒液红如宝石。

（2）白波特（White Porto）：由白葡萄酿制而成，色泽越浅、口感越干的酒，品质越好。

（3）茶色波特（Tawany Porto）：波特中的优质产品，呈茶色。

（4）年份波特（Vintage Porto）：最好的、最受欢迎的酒，是由一个特别好的葡萄丰收年收获的葡萄酿造而成，在酒标上会注明年份。桶中陈酿2～3 年后装瓶继续陈酿，10 年后老熟，寿命长达35 年。

2. 著名品牌

波特酒的著名品牌主要有克罗夫特年份波特（Croft）（图5.22）、科克本茶色波特（Cockburn's）（图5.23）、泰乐波特（Taylor's）（图5.24）、桑得曼年份波特（Sandeman）（图5.25）。

5.7　雪利酒（Sherry）

雪利酒是以葡萄酒为基酒的世界上最著名的加强葡萄酒，为西班牙的国宝。

1. 种类

（1）干雪利，也称菲诺（Fino），口味清淡，酒度为 16%～18%，需加冰饮用。

（2）甜雪利，又名奥鲁罗索（Oloroso），

图 5.22　克罗夫特年份波特酒

图 5.23　科克本茶色波特酒

图 5.24　泰乐波特酒

呈黄色，酒质芳醇，有核桃香味，甘甜可口，酒度为 18%～20%。

2. 著名品牌

雪利著名品牌主要有夏薇（Harveys）（图 5.26）、米莎（Misa）、蒙提亚（Montilla）。

5.8　玛德拉酒（Madeira）

玛德拉酒（图 5.27）产于葡萄牙的玛德拉岛，由葡萄酒与白兰地勾兑而成，是世界上寿命最长的葡萄酒，存放时间可达 200 年之久。酒度为 16%～18%。

5.9　玛萨拉酒（Marsala）

玛萨拉酒（图 5.28）产于意大利西西里岛的玛萨拉地区，是通过在白葡萄酒中加入蒸馏酒勾兑而成。现常被西餐厨房用于制作牛肉调味汁。

图 5.25　桑得曼年份波特酒

图 5.26　夏薇

图 5.27　玛德拉酒

图 5.28　玛萨拉酒

5.10　味美思（Vermouth）

味美思以葡萄酒为基酒，加入20～40种植物及蒸馏酒配制而成，也叫苦艾酒。酒度为17％～20％。主产国：意大利、法国。

1．种类

世界著名的味美思分为以下三类。

（1）白味美思（Vermouth de Blanc 或 Bianco）：金黄色，香气柔美。其含糖量为10％～15％，酒度为18％。

（2）红味美思（Vermouth de Rouge 或 Rosso）：深红色，香气浓郁；是以葡萄酒为原料，加入玫瑰花、柠檬和橙皮、肉桂等香料酿造而成。其含糖量为15％，酒度为18％。

（3）干味美思（Dry Vermouth 或 Secco）：生产国不同，其颜色也有差异，法国产的干味美思为草黄色，意大利产的干味美思为淡黄色。平均含糖量不超过4％，酒度为18％。

2．主要出产国及名品

（1）意大利：主要品牌有仙山露红味美思（Cinzano Rosso）（图5.29）、马天尼（Martini）（图5.30）。

（2）法国：主要品牌有杜法尔（Duval）。

图5.29　仙山露红味美思

白　　　红　　　干

图5.30　马天尼

知识回顾

（1）世界上葡萄酒质量最好的国家是哪个？

（2）影响葡萄酒质量的因素有哪些？

（3）白金粉黛是属于红葡萄酒还是粉红葡萄酒？

（4）葡萄酒按含糖量可以分为几类？

知识延伸

专题 5 知识延伸内容：5.6 波特酒、5.7 雪利酒、5.8 玛德拉酒、5.9 玛萨拉酒、5.10 味美思。

（5）解释：非年份香槟、年份香槟、白葡萄酿造的白香槟、极品香槟、玫瑰红香槟、黑葡萄酿造的白香槟。

（6）葡萄酒有几种命名方式？

（7）如何品饮葡萄酒？

（8）波特酒有哪些种类？

（9）西班牙的国宝是什么酒？

（10）玛萨拉酒可以存放多长时间？

（11）味美思的主产国是哪里？

专题 **6**　　啤　酒

[学习准备] （1）准备多种类、多品牌、多包装的啤酒实物或者空瓶。

（2）准备玻璃啤酒杯、塑料吸管、漱口水、一次性漱口杯、垃圾桶。

[学习目标] 了解和掌握啤酒的基本知识及主要类别，熟悉主要几种啤酒的特点、原料、种类及品牌。

[创业准备] （1）了解本专题所学的各种啤酒的相关品牌产品的单价。

（2）熟记本专题所学的各种啤酒的外文名。

学习内容

6.1　啤酒的种类

啤酒有着悠久的历史。传教士们曾把啤酒当成宗教的象征，医生曾把啤酒当成治病的药方，而劳动者则把啤酒当成辛劳一天后消除疲劳的佳酿。

生产啤酒的国家和地区很多，种类也很多。啤酒基本上可分为两大类：上发酵啤酒（Ale）和下发酵啤酒（Lager）。

所谓上发酵啤酒，是指在发酵期末，酵母上升到液体表面的一种发酵模式。在上发酵过程中，发酵罐内温度较高，必须保持在15~22℃。用这种发酵方法制成的啤酒所含乙醇和酯类成分较多，使其带有一种特有的水果芳香。与上发酵不同的是，在下发酵的过程中，啤酒酵母沉淀到液体的底部。整个发酵过程所需温度必须低于10℃，对于发酵的时间也必须掌握得十分准确。下发酵啤酒相对上发酵啤酒来说能够储藏更长的时间，也更为清凉，但口感也要相对重一些。归属于这两大类的不同风格的啤酒则多种多样，大致包括：

（1）苦啤酒（Bitter）（图6.1）：英格兰

及威尔士产酒花味明显的上发酵干啤，呈红玛瑙色，酒度为3%～5%。

（2）黑啤酒（Black Beer）（图6.2）：德国东部及日本产的一种味浓且带苦巧克力味道的下发酵啤酒。

（3）干啤酒（Dry Beer）（图6.3）：干啤酒于1987年由日本朝日酿酒公司最先生产。

（4）蜂蜜啤酒（Honey Beer）（图6.4）：最初由几家英国酿酒商推出的有传统特色的蜂蜜啤酒，随后被美国和比利时的酿酒商效仿。

（5）冰啤酒（Ice Beer）（图6.5）：啤酒在发酵后加入冰冻程序而生产出的一款啤酒，最早由加拿大的Labatt公司生产。

（6）皮尔森啤酒（Pilsner）（图6.6）：严格来讲，皮尔森是指产自捷克共和国皮尔森市的一种呈金黄色、酒花味明显、味道醇美的下发酵啤酒。

图6.1 苦啤酒酒标

图6.2 黑啤酒

图6.3 干啤酒

图6.4 蜂蜜啤酒

图6.5 冰啤酒

（7）红色啤酒（Red Beer）（图 6.7）：用维也纳麦芽酿造的一种呈红色的酸啤酒。

（8）石啤酒（Steinbier）（图 6.8）：石啤酒是指在啤酒中放入烧得通红的石头将啤酒加热至沸腾。咝咝作响的石头上会被烧焦的糖所覆盖，再将石头放入处于成熟阶段的啤酒中从而引起第二次发酵。

（9）斯涛啤酒（Stout）（图 6.9）：用烘烤过的黑色大麦酿造的黑色干啤酒，酒花味很重，是一款典型的上发酵啤酒。

6.2　世界著名啤酒品牌

（1）酷尔丝啤酒（Coors）（图 6.10）：取美国落基山中的清凉山泉与天然成分酿造而成的优质啤酒。

（2）百威啤酒（Budweiser）（图 6.11）：始创于 1876 年的百威啤酒由美国安荷泽·布希公司（现为百威英博集团）生产，是世界上销量最大的啤酒。

图 6.7　红色啤酒　　　　图 6.8　石啤酒

图 6.9　斯涛啤酒

图 6.6　皮尔森啤酒

图 6.10　酷尔丝啤酒

（3）贝克啤酒（Beck's）（图6.12）：德国优质啤酒，具有宜人的酒花特点。

（4）嘉士伯啤酒（Carls berg）（图6.13）：由联合酿酒公司（United Breweries）在丹麦首都哥本哈根酿造，色泽明亮，回味长久。

（5）柯罗纳/皇冠啤酒（Corona）（图6.14）：墨西哥产著名啤酒，清爽且口感好。

（6）福斯特啤酒（Foster's）（图6.15）：全球备受欢迎的澳大利亚知名啤酒，清爽且止渴。

（7）喜力啤酒（Heineken）（图6.16）：产自荷兰的啤酒，创始于1863年，欧洲出口量第一。

（8）麒麟一级棒啤酒（Kirin's Ichiban）（图6.17）：即最佳啤酒之意。用最好的大麦麦芽、上等酒花酿造，口感爽滑而不含苦味，可与各种食物

图 6.11　百威啤酒

图 6.12　贝克啤酒

图 6.13　嘉士伯啤酒

图 6.14　柯罗纳/皇冠啤酒

图 6.15　福斯特啤酒

图 6.16　喜力啤酒

搭配饮用。

（9）生力啤酒（San Miguel）（图6.18）：原产于菲律宾的马尼拉，属于一种带有酒花香味的干啤。

（10）青岛啤酒（Tsingtao Beer）（图6.19）：中国著名的啤酒，产于中国青岛，在国际评比大赛中多次荣获金奖。

图6.17　麒麟一级棒啤酒

图6.18　生力啤酒

图6.19　青岛啤酒

知识回顾

（1）苦啤酒是上发酵啤酒还是下发酵啤酒？

（2）冰啤酒最早由哪里生产？

（3）什么是石啤酒？

（4）世界著名啤酒品牌有哪些？

模块 2

调酒技巧

专题 **7** 酒吧设备及工具

[学习准备] 在学习本专题之前，尝试识别身边或者酒吧实训室陈列的酒吧工具。

[学习目标] 了解和掌握酒吧工具的基本知识及主要类别，熟悉几种酒吧工具的外观、用途及使用方法。

[创业准备] （1）了解本专题所学的酒吧工具中相关品牌产品的单价。
（2）熟记本专题所学的各种工具的外文名称。

 学习内容

合理配置酒吧的设备和工具，是经营一间酒吧成功的基本步骤之一。

俗话说，"工欲善其事，必先利其器"。酒吧所配备的设备和工具应该保证实用、优质、安全、耐用。下面介绍的是酒吧运行所需要的一些基本工具。

7.1 量杯及量勺（measuring cups and spoons）

量杯及量勺是指印有容量刻度的玻璃杯或金属杯，在需要确切的度量时可用这类量杯。在量糖粉或者辛辣料时可以用一套量勺（图7.1）。

7.2 吉格杯（Jigger）

吉格杯（图7.2）也叫盎司杯，为了保证鸡尾酒口味的醇正，调制鸡尾酒时应该尽量使用吉格杯。酒吧使用的吉格杯一般是一头大一头小，大头2盎司（1盎司＝

量杯　　　　　量勺

图7.1　量杯及量勺

31.103 克），小头 1 盎司。大头称为吉格，小头称为坡尼（Pony）。吉格和坡尼的替代品可以是印有刻度的肖特（Shot）玻璃量杯。

每次使用完吉格杯后，都要用清水冲洗，尤其是在倒过黏稠、有甜味或者含有奶油的调酒材料之后，更要清洗干净，因为残留在杯上的成分会影响下一款酒的口感。

图 7.2　吉格杯

7.3　鸡尾酒摇壶（Cocktail shaker）

鸡尾酒摇壶分为子弹头式摇壶、波士顿摇壶及短摇壶（图 7.3）。

（1）子弹头式摇壶（bullet shaker）：也称为水杯式摇壶（cobbler shaker），因其修长优美的外形而得名。这种摇壶有三个部分，顶盖拧开后即可看见套在水杯状壶身上的滤筛。这种摇壶也分大号和小号。

（2）波士顿摇壶（Boston shaker）：由两部分组成（一般为单独出售），即调和玻璃杯、金属杯（图 7.4）。如果是搅拌型饮品，应使用玻璃杯装载调酒原料和冰块，然后进行搅拌。

（3）短摇壶（short shaker）：类似波士顿摇壶的不锈钢部分（图 7.5）。这种摇壶一般是与带有刻度的透明玻璃载杯一起使用（图 7.6）。

图 7.3　鸡尾酒摇壶

图 7.4　波士顿摇壶

图 7.5　短摇壶

图 7.6　带有刻度的透明玻璃载杯

鸡尾酒摇壶是将鸡尾酒及配料混合在一起的基础工具。除非另有说明，一般要使用短暂、急速的摇动手法。现在，鸡尾酒摇壶的造型越来越多，但总的原则是以实用为主。

注意：始终要把最便宜的配料先倒入鸡尾酒摇壶。这样做，即使不小心倒错了酒，也不至于浪费昂贵的酒。

7.4　电动搅拌机（electric blender）

含有果肉和冰渣的鸡尾酒需要用搅拌机将配料搅和。电动搅拌机（图 7.7）最适合调制带有果肉、冰淇淋等配料的饮品。

7.5　速倒嘴（speed pourer）

速倒嘴是为了提高服务速度，在不使用吉格杯倒酒的前提下采用的快速倒酒工具，也叫鸟嘴。其型号多样，因此倒出的酒量也不一样，图 7.8 为塑料及金属速倒嘴。

7.6　碎冰机（ice crusher）

碎冰机（图 7.9）是用于将冰块粉碎的酒吧电器设备，使用时只需按下按钮即可将冰块粉碎。

图 7.7　电动搅拌机

图 7.8　塑料及金属速倒嘴

图 7.9　碎冰机

7.7 冰桶（ice bucket）

冰桶是用于盛放冰块的容器，其材质可以是玻璃的，也可以是金属或塑料的（图7.10）。

7.8 冰夹/冰勺（ice tongs and scoops）

冰夹/冰勺（图7.11）用于往饮品中添加冰块。作为酒吧工作人员，任何时候都不得用手直接拿冰块，因为这样做不卫生，而且手上散发的热量也会使冰块融化。千万不要把玻璃杯当作冰勺，因为玻璃杯一旦破裂或缺口，冰块就会被手上流出的血液及玻璃碎片污染。

7.9 调和杯/混合杯（mixing glass）

调和杯/混合杯（图7.12）用于制作长饮类饮品，这类饮品是在不摇动的情况下将配料调和。一般为16盎司（1盎司＝29.57毫升）。实际上可以把任何一种大号玻璃杯用作调和杯。当然，标准的调和杯的外面印有容量刻度，甚至有的还在杯体上印有常见的酒谱。

7.10 鸡尾酒捣棒（Cocktail muddler）

鸡尾酒捣棒（图7.13）是酒吧专门用于捣碎鸡尾酒配料的木棒，主要用于捣碎某些鸡尾酒中的柠檬片、樱桃和薄荷叶。

7.11 酒吧匙（bar spoon）

酒吧匙（图7.14）的柄较长且在尾端

图7.10 玻璃冰桶（左）、金属外壳冰桶（右）

图7.11 冰夹（左）、冰勺（右）

图7.12 调和杯/混合杯

图7.13 鸡尾酒捣棒

有一个捣捶或齿状叉。酒吧匙主要用于搅拌和量酒，同时也可用来捣碎小的装饰物。

7.12　过滤筛（strainer）

过滤筛（图 7.15）用于过滤冰碴儿及果肉。通常与鸡尾酒摇壶配套使用，不锈钢弹簧便于卡住摇壶口。

7.13　螺旋开塞工具（corkscrew）

螺旋开塞工具（图 7.16）主要用于开启葡萄酒及香槟酒瓶。

7.14　开瓶起子（bottle opener）

开瓶起子（图 7.17）主要用于开启啤酒瓶或者汽水瓶的金属盖。

7.15　开罐器（can opener）

开罐器（图 7.18）主要用于打开酒吧专用水果及糖浆罐头盒的顶部或者底部。

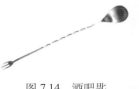

图 7.14　酒吧匙

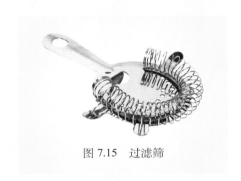

图 7.15　过滤筛

图 7.16　螺旋开塞工具

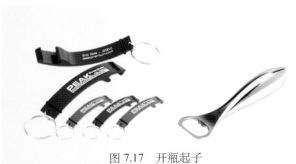

图 7.17　开瓶起子

图 7.18　开罐器

7.16　香槟瓶塞（champagne stopper）

香槟瓶塞（图7.19）是防止开启后的香槟酒气体外泄的专用瓶塞。

7.17　刀及砧板（knife and cutting board）

刀及砧板（图7.20）是用来切削水果及装饰物的专用工具。

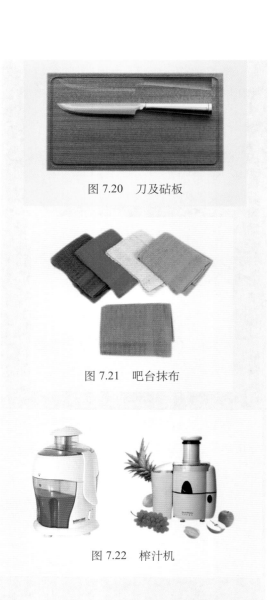

图7.20　刀及砧板

7.18　吧台抹布（cloths）

吧台抹布（图7.21）用于揩酒吧吧台台面及酒吧设备。这种抹布的质地结实，无绒毛，使用时应该浸湿，但所含的水分又不能太多。

图7.21　吧台抹布

7.19　榨汁机（juice squeezer/extractor）

榨汁机（图7.22）用于榨取水果的汁液。在榨汁之前将柑橘类水果在热水里泡一下，榨汁效果会更好些。

7.20　柑橘类水果皮削丝刀（citrus stripper）

柑橘类水果皮削丝刀（图7.23）是用

图7.22　榨汁机

图7.19　香槟瓶塞

图7.23　柑橘类水果皮削丝刀

于削制装饰性柑橘类水果皮的专用刀具。

7.21 磨刀器（knife sharpener）

磨刀器用于使酒吧刀具的刀刃更加锋利，既有电动的（图7.24），也有手动的。

7.22 杯垫（coasters）

杯垫（图7.25）是为了防止酒杯上的水珠直接流到吧台台面或者桌面而专门设计的一种纸质或塑料质地的垫片。其有圆形的，也有方形的，大多是酒商为宣传自己的产品而免费提供。

图 7.25　杯垫

图 7.24　电动磨刀器

 知识回顾

解释说明下列工具和设备的用途：量杯及量勺、吉格杯、鸡尾酒摇壶、电动搅拌机、速倒嘴、碎冰机、冰桶、冰夹/冰勺、调和杯/混合杯、鸡尾酒捣棒、酒吧匙、过滤筛、螺旋开塞工具、开瓶起子、开罐器、香槟瓶塞、刀及砧板、吧台抹布、榨汁机、柑橘类水果皮削丝刀、磨刀器、杯垫。

专题 8 载杯

载杯

[学习准备] 在学习本专题之前，尝试识别身边或者酒吧实训室陈列的载杯。

[学习目标] 了解和掌握酒吧载杯的基本知识及主要类别，熟悉主要几种载杯的用途。

[创业准备] （1）了解本专题所学的载杯中相关品牌产品的单价。

（2）熟记本专题所学的各种载杯的外文名称。

 学习内容

鸡尾酒很讲究出品时的品相和外观，所以什么酒配以什么样的载杯就显得尤为重要。酒吧所使用的载杯类别多样，形状及规格各异，且各自的用途专一。掌握哪一种饮品应该使用哪一种载杯，无论是对调酒师还是对客人都有好处，客人所得到的是更高品质的饮品，而饮品又反映出调酒师和酒吧的服务水平。

8.1 酒吧常用载杯的类型

（1）鸡尾酒杯（Cocktail glass）：这种杯体呈三角形的杯子可以广泛用于不加冰块的鸡尾酒，其中包括马天尼（Martini）、曼哈顿（Manhattan）及吉姆雷（Gimlet）。这种载杯也叫作马天尼酒杯（图 8.1），且大小各异，通常的规格为 6～12 盎司。鸡尾酒杯的高脚设计主要是为了避免手温影响杯中的酒温。

图 8.1　马天尼酒杯

图 8.2　柯林斯杯

图 8.3　古典杯

（2）柯林斯杯（Collins glass）：也叫作长饮杯（Long Drink glass）（图 8.2），是一种形状细长的玻璃杯。柯林斯杯最初是用于柯林斯金酒饮品，现在也普遍用于软饮、加酒的果汁、热带果汁饮品，如迈泰（Mai Tai）。常见的规格为 14 盎司。该载杯因专用于汤姆柯林斯（Tom Collins）酒而得名。

（3）古典杯（Old-Fashioned glass）：也叫作 Rock glass，是一种底厚且短粗的圆口玻璃杯。其适合载装加冰块的鸡尾酒或利口酒，常见的规格为 8～12 盎司，除了典型的古典杯外，还有带脚的古典杯（图 8.3）。

（4）利口酒杯（Liqueur glass）：专门用于在餐后饮用少量利口酒的小高脚杯，常见的规格为 2 盎司（图 8.4）。

（5）白兰地酒杯（Brandy snifter）：这种杯子的形状便于饮酒者在握住杯子时用掌心热度把白兰地酒液的温度升高，将酒的风味集中在杯子的上部，通常的规格为 17.5 盎司（图 8.5）。

（6）笛形香槟酒杯（Champagne flute）：笛形香槟酒杯也叫作郁金香酒杯，这种形状的玻璃杯其设计的目的就是为了体现香

图 8.4　利口酒杯

图 8.5　白兰地酒杯

67

槟酒在冲着杯壁倒时不断跳跃的泡泡，以及在杯口形成的摩丝状泡沫。其通常的规格为 6～10 盎司，使用前需冻杯（图 8.6）。

（7）广口香槟酒杯（Champagnesaucer）：是一种外形完全不同于笛形香槟酒杯的香槟酒杯，最适合在庆典活动中摆放香槟酒塔，也可载装冰淇淋（图 8.7）。

（8）红葡萄酒杯（Red Wine glass）：一种杯身圆鼓、杯口朝内收的透明、薄型高脚玻璃杯，主要用于载装红葡萄酒，常见的规格为 14 盎司（图 8.8）。

（9）白葡萄酒杯（White Wine glass）：一种杯身呈椭圆形，杯口内收的透明、薄型高脚玻璃杯，与红葡萄酒杯大体相同，只是杯口和杯肚更细小些。主要用于载装白葡萄酒，常见的规格为 12.5 盎司（图 8.9）。

（10）泡丝咖啡杯（Pousse Cafe glass）：也叫作舒特杯（Shooter Glass）、彩虹杯，是一种高脚或厚底的玻璃杯，主要用于泡丝咖啡（即彩虹鸡尾酒）及其他叠彩利口酒饮品（如"B-52 轰炸机"等），其形状有助于叠、倒鸡尾酒配料，常见的规格为 6 盎司（图 8.10）。

图 8.6　笛形香槟酒杯

图 8.7　广口香槟酒杯

图 8.8　红葡萄酒杯

图 8.9　白葡萄酒杯

图 8.10　泡丝咖啡杯

（11）肖特杯（Shot glass）：也叫作烈酒杯，是一种用于饮用伏特加、威士忌及其他烈性酒的小玻璃杯，也可以用作量杯。这类杯子一般用较厚的玻璃做成（图8.11）。常见的规格为1～4盎司，其他规格包括只有1盎司的短肖特杯或小马驹肖特杯（Pony glass）。

（12）玛格瑞塔酒杯（Margarita glass）：一种较大的圆形鸡尾酒杯，其广口设计便于黏附盐粒，是玛格瑞塔酒的理想载杯，也可用于载装得其利（Daiquiry）及其他果汁类饮品，常见的规格为12盎司（图8.12）。

（13）爱尔兰咖啡杯（Irish Coffee cup/glass）：可以用于任何类型的热饮，标准的规格为8～10盎司（图8.13）。

（14）冰茶杯（Iced Tea glass）：用于载装冰茶的玻璃杯，可以用柯林斯杯代替（图8.14）。

（15）飓风酒杯（Hurricane glass）：一种高深、造型流畅、因形状像飓风灯而得名的玻璃酒杯，用于载装具有热带特色的饮品，常见的规格为15盎司（图8.15）。

图8.12　玛格瑞塔酒杯

图8.13　爱尔兰咖啡杯

图8.14　冰茶杯

图8.11　肖特杯

图8.15　飓风酒杯

（16）雪利酒杯（Sherry glass）：餐前开胃酒、波特酒及雪利酒的最佳载杯，常见的规格为 2 盎司（图 8.16）。

（17）海波酒杯（Highball glass）：一种厚底直身的玻璃杯，往往是载装多种类型的长饮类鸡尾酒饮品的一种很雅致的方式，常见的规格为 8～12 盎司。海波酒杯常用于载装波本（Bourbon）等饮品，比柯林斯杯稍粗些（图 8.17）。

（18）广口啤酒杯（Beer mug）：这是一种传统的啤酒载杯，常见的规格为 10～22 盎司（图 8.18）。

（19）锥形皮尔森啤酒杯（Pilsner）：一种呈 V 形、带底座的玻璃杯。容量一般在 7～10 盎司（图 8.19）。主要用于饮用扎啤或瓶装啤酒。

（20）咖啡杯（Coffee mug/cup）：饮用热咖啡的传统杯具，常见的规格为 12～16 盎司，使用小号咖啡杯时需使用咖啡碟（图 8.20）。

图 8.16　雪利酒杯

图 8.17　海波酒杯

图 8.18　广口啤酒杯

图 8.19　锥形皮尔森啤酒杯

图 8.20　咖啡杯具

8.2　载杯的正确使用

酒吧配备的所有载杯，在使用时一定要加倍小心，因为酒吧的客人与载杯接触最频繁，也最容易出问题。

1. 防止载杯破损的方法

在拿放玻璃载杯时要十分谨慎小心。假如玻璃载杯掉落，千万不要用手去接。如果掉落地上的玻璃载杯摔碎了，一定要先戴好手套，使用专门的清扫工具进行清扫，或者用一块湿布将碎片捡起来，不要直接用手去捡，以防手被划伤。因此，酒吧里一定要备妥清扫工具。如果玻璃载杯是在冰块旁边摔碎的，玻璃碎片就很有可能溅到冰块里。因此，一定要将全部冰块扔掉（可倒入热水将冰块融化），并将装冰块的容器清洗干净。

2. 玻璃载杯的拿放方法

千万不要用手把玻璃载杯在吧台台面或者桌面上推来推去，始终应该用手端起载杯再放到要放的地方。端载杯时只能握杯脚或杯座。这样做不仅避免在玻璃载杯的杯身上留下指印，而且握住杯脚会更平稳些。不要随意磕碰玻璃杯，以避免玻璃载杯破裂。

千万不能用玻璃载杯从冰桶或其他容器里舀冰块。因为玻璃载杯与冰块磕碰时很容易破碎，从而在冰块中留下看不见的玻璃碴儿，这会存在很大的安全隐患。因此，取用冰块时务必使用专门的冰勺或者冰夹。

在为客人服务之前，一定要保证所有的玻璃载杯被擦拭得干干净净。可先用热水及少量洗涤剂（不能用肥皂水）清洗玻璃杯，再用干净的冷水漂洗，最后用干净的布巾擦干。擦玻璃载杯时应该握住杯底以避免在杯身上留下手印。如果玻璃载杯是热的，不要往里面加冰块；而对于冷冻过的玻璃载杯，也不能往里面加热水，因为温度相差过大会造成玻璃载杯破裂。玻璃载杯不能码放太高，也不能将两种不同的载杯放在一起，它们很容易相互卡住，一旦想要将其分开时，就容易把玻璃载杯弄破。

 知识回顾

（1）酒吧常用的玻璃载杯具有哪些类型？各有什么特点？

（2）如何防止玻璃载杯的破损？

（3）如何正确拿放玻璃载杯？

专题  鸡尾酒装饰物

鸡尾酒装饰物

[学习准备] 在学习本专题之前，想象一下哪些物品可以用来作鸡尾酒的装饰物。

[学习目标] 了解和掌握鸡尾酒装饰物制作的基本知识及鸡尾酒装饰物的主要用途。

[创业准备] （1）了解本专题所学的几种鸡尾酒装饰物的市场单价。
（2）熟记本专题所学的几种鸡尾酒装饰物的外文名称。

 学习内容

装饰物（garnishes）对于调制的鸡尾酒来说十分重要，它们既可以使酒水看上去更美观，也可以增添鸡尾酒的风味。用作装饰物的水果或者蔬菜必须用清水洗净。常见的鸡尾酒装饰物包括樱桃、橄榄、青柠、柠檬、橙子、糖粉、盐粒及泡沫奶油。酒吧一般都应该储备这些装饰物（图9.1）。

9.1 杯口上霜

用盐粒、糖粉或者可可粉给杯口上霜是一项简单却十分有效的工序。只要是杯口上过霜的杯子均不需要配以其他装饰物。

盐粒是经典的玛格瑞塔鸡尾酒绝对不可缺少的装饰材料。而对于甜味明显的鸡尾酒，上糖霜可以使酒水的品相更好看。例如，在杯口抹上石榴糖浆后再沾上白糖粉可以形成粉红色的糖霜。

图9.1 备妥的鸡尾酒装饰盒

9.2　水果装饰

1. 青柠（Lime）/ 柠檬（Lemon）

（1）青柠 / 柠檬装饰的准备步骤：将青柠 / 柠檬洗干净，用干净的砧板和配套的利刃刀，将水果的头尾切除，使果肉正好露出（图9.2）。

（2）青柠楔块 / 柠檬楔块（Lime/lemon wedges）：青柠及柠檬楔块最适合装饰用海波杯或玛格瑞塔酒杯载装的鸡尾酒。将切掉头尾的青柠 / 柠檬竖放在砧板上，用水果刀将其一分为二（图9.3 a）。

顺着中心线轻轻切下，但不要将青柠 / 柠檬皮切断。这样主要是为了使其楔块能够很方便地卡在杯口（图9.3 b）。

将两片青柠 / 柠檬切成 1/4 或 1/2 英寸（1 英寸 = 2.54 厘米）厚的青柠楔块 / 柠檬楔块，一般情况下半块青柠 / 柠檬可以切成 3～4 块青柠楔块 / 柠檬楔块（图9.3c）。

（3）青柠片 / 柠檬片（Lime or Lemon slices/wheels）：一般而言，圆形的青柠片 / 柠檬片（也叫柠檬轮）具有很强的视觉冲击力，比半圆的青柠片 / 柠檬片汁液也更多些。先横向切出 1/8 英寸或 1/4 英寸厚的圆形青柠片 / 柠檬片，再在每一块青柠片 / 柠檬片的中间切个开口，从中间开始一直切到外皮（图9.4），装饰效果如图9.5 所示。

图9.2　青柠 / 柠檬切头去尾

图9.3　青柠楔块 / 柠檬楔块的制作

73

图9.4 青柠片/柠檬片的制作

图9.5 用青柠片装饰的鸡尾酒

（4）半圆形青柠片/柠檬片（Half moon）的制作：半圆形青柠片/柠檬片是最常见的鸡尾酒装饰物。将切好的青柠片/柠檬片从中间一分为二形成两个半圆形，再在半圆的中间切一刀，形成卡口（图9.6）。

（5）柠檬皮结（Lemon twist）的制作：切除柠檬的两头，然后在表皮切出1/3英寸宽的片条，千万不要切入柠檬的果肉中，最后揭下柠檬皮。

柠檬皮结主要用于长岛冰茶、长滩冰茶、柠檬马天尼、柠檬汁及其他含有柠檬汁的饮品。

注意：在使用柠檬皮结时，先用柠檬皮擦拭杯口，然后将柠檬皮打成结放入饮品中，以增加饮品中柠檬油的清香（图9.7）。

图9.6 半圆形青柠片/柠檬片的制作

图9.7 用柠檬皮结装饰的鸡尾酒

2. 橙子（Orange）

（1）橙子楔块（Orange wedges）的制作：制作方法与切青柠楔块和柠檬楔块的方法相同。

（2）橙皮螺旋丝（Orange spiral）的制作：使用橙皮切削刀削制出橙皮螺旋丝。从水果的一头开始旋转切削至另一头即可形成一条长长的螺旋丝。

橙皮螺旋丝主要用于含有橙汁的饮品中，最适合置于香槟酒杯中（图9.8）。

图9.8　用橙皮螺旋丝装饰的鸡尾酒

3. 起泡奶油（Whipped Cream）

起泡奶油（图9.9）主要用于热饮，尤其是咖啡饮品，也常用于类似草莓得其利这样的饮品。起泡奶油可以直接从商店购买。一些厂家还生产有巧克力味的起泡奶油及不含脂肪的奶油。

4. 其他种类的装饰物

1）苹果（Apple）

苹果片（Apple slices）的制作：将苹果一分为二，将每一半切成1/8英寸厚的苹果片，呈对角切一刀口便于卡在鸡尾酒杯口（图9.10）。一般只在使用前切好即可，不需要提前准备，以免切口出现氧化变色。通常苹果片主要用于苹果马天尼。

图9.9　起泡奶油

图9.10　用苹果片装饰的鸡尾酒

2）香蕉（Banana）

香蕉片（Banana slices）的制作：从香蕉的中段连皮切断，切出的香蕉片以 1/4 英寸厚为宜（图 9.11）。

3）浆果（Berries）

浆果可以是草莓（Strawberry）、红莓（Raspberry）（图 9.12）、蓝莓（Blueberry）（图 9.13）、黑莓（Blackberry）（图 9.14），也可以是其他浆果。装饰时可用鸡尾酒竹签将浆果穿起，置于杯口（图 9.15）。草莓在使用前需用清水洗净。如果草莓体积较大，需要将其一分为二，使用时将其卡在杯口即可。草莓主要用于含有浆果或者草莓味利口酒的鸡尾酒，如草莓得其利（Strawberry Daiquiri）、草莓玛格瑞塔（Strawberry Margarita）。

4）糖果（Candy）

糖果也是不错的鸡尾酒装饰物，可供选择的糖果也不少，如橡皮蚯蚓（Gummy Worms）（图 9.16）或橡皮熊、手杖糖果（Candy Canes）（图 9.17）、迷你棒棒糖等。

图 9.12 红莓

图 9.13 蓝莓

图 9.14 黑莓

图 9.15 用草莓装饰的鸡尾酒

图 9.11 可用于装饰的香蕉

图 9.16 橡皮蚯蚓

图 9.17 用手杖糖果装饰的鸡尾酒

5）西芹（Celery）

西芹用作装饰物时需要用清水洗干净，然后切除叶子和根部，留下的就是可以使用的西芹秆（图9.18）。西芹秆既是装饰物，又可以用作鸡尾酒搅棒。

图9.18　西芹秆

西芹主要用于"血玛丽"（Bloody Mary）（图9.19）这类饮品。

6）巧克力（Chocolate）

巧克力块（图9.20）或者巧克力刨花也可以用于鸡尾酒装饰（图9.21）。

巧克力刨花的制作：用刨刀在巧克力块上刨几下即可。

7）咖啡豆（Coffee beans）

将咖啡豆（图9.22）用作装饰物的唯一场合就是品饮三步卡酒。在装有三步卡酒的酒杯里放入三粒咖啡豆，它们分别代表财富、幸福、爱情（图9.23）。

图9.19　用西芹秆装饰的"血玛丽"鸡尾酒

图9.20　巧克力块

图9.21　用巧克力刨花装饰的饮品

图9.22　咖啡豆

图9.23　用咖啡豆装饰的鸡尾酒

8）薄荷叶（Mint leaves）

薄荷叶（图9.24）使用前需用清水洗净，主要用于含有薄荷液的饮品中，如莫一托（Mojito）及薄荷菊丽（Mint Julep）（图9.25）。

9）鸡尾酒小白葱（Cocktail onion）

鸡尾酒小白葱体积很小，大约为鹅卵石大小，可直接从商店买到。一般为罐装或瓶装，开罐后需冷藏（图9.26）。

鸡尾酒小白葱主要用于吉布森（Gibson）这款鸡尾酒（图9.27）。

10）菠萝（Pineapple）

菠萝楔块（Pineapple wedges）的制作：切除菠萝（图9.28）的头和尾，然后从头至尾将菠萝一分为二，再将切开的半块菠萝一分为二，去掉中间的硬心，最后将其切成菠萝楔块。

菠萝楔块主要用于装饰有热带特色的混合饮品（图9.29）。

图 9.24　薄荷叶

图 9.25　薄荷菊丽鸡尾酒

图 9.26　鸡尾酒
小白葱

图 9.27　用鸡尾酒小白葱
装饰的鸡尾酒

图 9.28　新鲜的菠萝

图 9.29　用菠萝楔块
装饰的鸡尾酒

11）盐粒（Salt）

鸡尾酒装饰用的盐类以海盐为主（图9.30），主要用于装饰玻璃杯口。使用时用青柠楔块将杯口涂匀，然后均匀沾上盐粒。

盐粒装饰主要用于玛格瑞塔、血玛丽、咸狗（Salty Dog）等鸡尾酒。

12）肉桂（Cinnamon）

肉桂粉可撒在鸡尾酒饮品上，肉桂皮则可用作搅棒（图9.31）。

图9.30　用于装饰鸡尾酒的盐粒

图9.31　肉桂皮

 知识回顾

（1）常见的鸡尾酒装饰物有哪些?

（2）柠檬条主要用于装饰哪些类型的饮品?

（3）莫一托鸡尾酒常用的装饰物是什么?

（4）上过霜的杯子还需要其他装饰物吗?

专题 *10* 鸡尾酒调制基本技巧与酒吧度量知识

鸡尾酒调制基本技巧与酒吧度量知识

[学习准备] 在学习本专题之前，回想一下你曾经在影视片中见过的调酒师的潇洒画面。

[学习目标] 了解和掌握鸡尾酒调制的基本技巧和酒吧度量知识，熟悉酒吧调酒的多种方法。

[创业准备] （1）熟练掌握不同的调酒手法和技巧。
（2）熟练掌握不同度量单位的换算。
（3）熟记本专题不同调酒手法及度量单位的外文名称。

 学习内容

掌握鸡尾酒调制的基本技巧对于一名合格的酒吧调酒员来说十分重要。

10.1　搅拌（blending）

在搅拌前，先将鸡尾酒的配料倒入搅拌机，盖严盖子以防止中途跳开。如果配料中有水果，可以先搅拌水果，然后再加入碎冰。先用慢速搅拌，然后逐渐转至中速，直至饮品柔滑细腻。如果酒吧没有配备电动搅拌机，可以使用碎冰代替，因为

碎冰更容易搅拌。

小窍门：若想较长时间保持饮品的质地，可使用冻过的玻璃杯。

太稀：假如在搅拌时可以看到饮品中间有一个大洞，说明饮品太稀，因此需要再加一些冰。

太稠：假如在搅拌时饮品转动不畅，说明饮品太稠，因此需要再加入一些果汁。

搅拌均匀：假如在搅拌时饮品在转动且中间只有很小的洞时，说明饮品已经搅拌均匀。

图 10.1　酒吧专用海绵盘及盐盘、糖盘

10.2　玻璃杯口沾盐 / 糖（coating）

沾盐：先用青柠楔块 / 柠檬楔块或者在专用的海绵盘（图 10.1）中将玻璃杯口外缘涂湿，再将杯口在盐盘中沾上盐粒（图 10.2）。

图 10.2　杯口沾盐粒

沾糖：与沾盐的方法相同，但如果饮品是含有柠檬味的配料时，应该用橙子或者青柠楔块 / 柠檬楔块涂抹杯口。

注意：千万不要让盐粒或者糖粉沾到玻璃杯里面，否则盐或者糖溶入饮品中会使其变咸或者变甜。

10.3　火焰加热（flaming）

在营业性的酒吧一般不要使用这一技法，因为这种操作存在一定的危险。操作的过程中既有可能烧伤自己，也有可能烧伤客人。如果客人在饮用带有火焰的鸡尾酒时被烧伤，酒吧很有可能被起诉。

注意：在调制带火焰的鸡尾酒时（图 10.3），一定要保证在酒吧备有烧碱和湿毛巾，以防止事故的发生。

图 10.3　点着后的鸡尾酒

要想成功地点燃酒液，需要将其用烧锅在中火上加热，直至看见气泡在锅边形成即可。点火时，最好使用长柄火柴。

如何点燃白兰地酒：首先加热白兰地酒杯，然后将热的白兰地酒倒入杯中，再点火。

小窍门：也可以在微波炉中将酒液加热约12秒。

10.4　浮叠（floating and layering）

浮：是指在某一饮品之上增加一层烈酒或者利口酒。

叠：是指将多种利口酒分别倒入杯中但互不混合，层次分明，也就是常说的彩虹酒（图10.4）。制作叠层酒时，需要将最重（即相对密度最大）的酒先倒入载杯，然后缓慢倒入较轻的酒。可借助于酒吧匙背以减缓酒液流下的速度。如果暂时记不住哪一种酒的相对密度，可以参考利口酒相对密度表。

小窍门：调制叠层酒时，如果身边没有酒吧匙，也可以用一只樱桃替代。

10.5　玻璃杯上霜及冻杯（frosting and chilling glasses）

（1）玻璃杯上霜：若要给玻璃杯上霜，可直接将玻璃杯在冷柜里放置大约1小时。如果想让杯子真正结霜，可将玻璃杯先在水中浸一下，再将其放入冷柜冷冻大约1小时。拿、放杯子时始终只能握住杯底座或杯脚。

（2）冻杯：冻杯的最好办法是将玻璃杯在冰箱里冻20分钟。如果时间来不及，可在杯中装入冰块，1分钟后将冰块倒掉即

可达到冻杯的目的。冻过的玻璃杯看上去如同磨砂玻璃（图10.5）。

10.6　捣捶（muddling）

捣捶是指在玻璃杯底部处理薄荷叶等配料的一种简单的捣碎动作，目的是为了使其汁液释放出来。一般可用从商店买来的木制捣棒，木制捣棒既可以捣碎薄荷叶、橙片，但又不会损坏玻璃杯（图10.6）。

图10.4　叠层鸡尾酒

图10.5　冻过的玻璃杯

图10.6　捣捶动作

小窍门：如果身边没有捣棒，也可以用大汤匙的宽柄作捣棒，不过使用时一定要小心，以免发出响声或把玻璃杯弄破。

10.7　开启香槟酒瓶（opening a Champagne bottle）

先揭开封住香槟酒瓶口的金属丝及锡箔纸，将酒瓶倾斜成45°握住，但是千万不要对着人或者重要物品。开瓶时，一只手握住软木塞，另一只手握住酒瓶。转动酒瓶身，即可将软木塞拔出（不要直接转动木塞，这样容易将其弄断）（图10.7）。

小窍门：如果担心木塞会喷射出来，可在开瓶时用一块干净的餐巾裹住木塞。

图10.7　香槟酒瓶开启动作示意图

10.8　开启葡萄酒瓶（opening a Wine bottle）

（1）使用螺旋开塞工具：先用开塞工具的锯齿刀绕瓶嘴割开锡箔封，揭掉锡箔纸，将瓶塞顶部擦拭干净，然后将开塞工具的螺丝钻插入瓶塞中心并顺时针转动，直至螺丝钻完全进入木塞。将开塞工具的顶杆卡在瓶口使其与开塞工具的把手垂直，一只手紧握住酒瓶，另一只手往上扳动开塞工具的把手直至将瓶塞拔出（图10.8）。拔瓶塞时不能太用力，否则声音会太响。

（2）葡萄酒服务：酒瓶打开后，应该将瓶塞呈示给客人，并往其酒杯中倒入少量酒液。客人在闻过瓶塞后会品一口葡萄酒。如果客人表示满意，则可以开始为客人倒酒（不要倒得太满）。斟倒葡萄酒时不得将酒杯拿在手上。

小窍门：倒葡萄酒时始终要备一块干

图10.8　葡萄酒瓶开启动作示意图

净的餐巾布，以便在倒酒后擦拭酒瓶，同时以防意外。

10.9 倒酒（pouring）

鸡尾酒一经调制完成就应该倒入杯中，否则就会变质。多余的酒液应该倒掉，否则在调制第二份酒时，这些酒可能已经过分稀释了。

若要一次性调制一批同样的鸡尾酒，可以将玻璃杯摆成一排，先往每个杯子里注入一半酒液，然后再重复注入，直至摇壶空了为止。这样的话，每一位客人所得到的是同样分量的经过完全混合的鸡尾酒。

10.10 自由式倒酒（free pouring）

自由式倒酒做起来并不难，只需要多练就可以掌握这一技巧。

（1）学习自由式倒酒：先找到一个1升的空瓶及一个速倒嘴（即鸟嘴），将普通水灌入瓶中，但不要灌得太满，盖上速倒嘴。然后用手握住瓶脖子往1盎司的吉格杯中倒水（练习时吉格杯最好放在水槽中）。在往吉格杯中倒水时心里默默数数，直至倒满（图10.9）。将杯中的水倒出，重复这一过程，数数的速度一定要一致。

（2）进行更多的练习：在知道了倒1盎司水需要数多少下之后，就需要练习不用吉格杯倒酒的技巧。找五个空玻璃杯，相互挨着摆成一排，一口气往每个玻璃杯中倒入1盎司。先倒入第一只玻璃杯，接着倒入第二只，直到最后一只。倒完后，用1盎司的吉格杯检验每杯中的水是否正好是1盎司。未达到标准时，再反复操练。

图10.9 倒酒动作示意图

（3）练习倒不同量：学会倒不同量的酒也很重要。既然已经知道了如何倒1盎司，那么倒2盎司就是在1盎司的基础上加1倍。如需要倒其他不同的分量时，只需改变数数的次数即可得到所要的分量。

注意：速倒嘴的型号和种类比较多，而且每一种速倒嘴倒出的酒量也不一样，因此需要根据不同的速倒嘴来调整数数的次数。

10.11 摇酒（shaking）

（1）使用波士顿摇壶（Boston shaker）及调和杯（Mixing glass）摇酒：往调和杯中加入大半杯冰块，加入调酒配料。将波士顿摇壶口与调和杯口相扣，拍紧。一般情况下，快速摇动约15秒即可（若是带有糖粉、糖浆、奶油或者鸡蛋这类配料，则需要摇动20～30秒），摇匀后取下调和杯，将摇壶里的酒液滤入冻过的玻璃载杯中（图10.10）。如果摇壶与调和杯卡住的话，只需在摇壶旁边拍打即可（这时必须是摇壶在下，调和杯在上）。

图 10.10　使用摇壶摇酒动作示意图

（2）使用标准摇壶（Standard shaker）摇酒：往摇壶里倒入大半壶冰块，加入调酒配料，盖上滤筛及壶盖。手握摇壶，食指压住壶盖，上下急速摇动约 15 秒或者摇壶外壳有水汽即可（若是带有糖粉、糖浆、奶油或者鸡蛋这类配料，则需要摇动 20～30 秒）。取下壶盖，将酒液滤入冻过的玻璃载杯中。

10.12　搅动（stirring）

将配料放入调酒杯中，再放入冰块，用左手按住杯子的下部，使之固定不动。右手搅动鸡尾酒时，既可以用酒吧匙也可以用吸管（straw）。搅动的目的只是为了将配料混合，但是不要过度搅动，因为这样会加快冰块稀释酒液的速度。如果是碳酸饮料，只需轻微搅动以保持气泡即可（图 10.11）。

图 10.11　搅动鸡尾酒示意图

10.13 过滤（straining）

使用标准摇壶：标准摇壶本身自带过滤筛，因此在摇制完成后，只需取下壶盖即可将酒液滤入冻过的玻璃载杯中。

使用波士顿摇壶：摇制完成后，取下混合杯，将专用的过滤筛卡在摇壶口，即可将酒液滤入杯中（图10.12）。

图 10.12 滤酒动作示意图

10.14 酒吧度量知识

目前许多酒谱中使用的度量是盎司，也有的酒谱使用的是公制度量标准，而且酒谱中经常会使用一些专用的度量术语（表10.1、表10.2）。为便于实际操作，本书的鸡尾酒实例部分统一采用盎司作为度量单位。

（1）滴（Splash）：所谓"滴"的酒液量很少，主要用于使某一款调和鸡尾酒改变颜色或者增添某一款鸡尾酒的风味。使用时需要凭调酒师个人判断。

（2）小滴（Dash）：所谓"小滴"的酒液量更少。

（3）层（Float）：指浮在调和酒上面的一层酒液，具体量靠调酒师掌握。

（4）份（Part）：指调酒师所认为合适的分量，可以是1盎司、2盎司、1杯等，均取决于调酒师所调制出的饮品有多大的分量。

表 10.1 度量单位换算表

单位	盎司（oz）	毫升（mL）（约）	具体可用的毫升数
1/4 盎司（oz）	0.25	7.39	7.5
1/2 盎司（oz）	0.5	14.79	15
3/4 盎司（oz）	0.75	22.18	22.5
1 盎司（oz）	1	29.57	30
1 1/4 盎司（oz）	1.25	36.97	37.5
1 1/2 盎司（oz）	1.5	44.36	45
1 3/4 盎司（oz）	1.75	51.75	52.5

续表

单位	盎司（oz）	毫升（mL）（约）	具体可用的毫升数
2 盎司（oz）	2	59.15	60
1 小滴（dash）	0.031 25	0.92	1
1 茶匙（tsp）	0.125	3.7	3.75
1 汤匙（tbsp）	0.375	11.09	11.25
1 小马驹杯（pony）	1	29.57	30
1 吉格杯（jigger）	1.5	44.36	45
1 杯（cup）	8	236.59	240
1 美制品脱（Uspt）	16	473.18	480
1 美制夸脱（Usqt）	32	946.35	960
1 美制加仑（Usgal）	128	3785.41	3.840

表 10.2　酒吧度量等式表

度量单位	等于
1 汤匙（tbsp）	3 茶匙
1 杯（cup）	21 1/3 汤匙
1 品脱（pt）	2 杯、1/2 夸脱、1/8 加仑
1 夸脱（qt）	4 杯、2 品脱、1/4 加仑
1 加仑（gal）	16 杯、8 品脱、4 夸脱
1 升（L）	1000 毫升
1 毫升（mL）	0.001 升
1 厘升（cL）	0.01 升

知识回顾

（1）在调酒搅拌过程中，若想较长时间保持饮品的品质，可以采用什么方法？

（2）玻璃杯口沾盐／糖过程中应注意什么问题？

（3）在营业性的酒吧里是否主张使用火焰加热技法？为什么？

技能提升

专题 10 技能提升内容：10.3 火焰加热、10.10 自由式倒酒。

（4）在调酒技巧中什么是浮叠技法？

（5）如何使玻璃杯上霜？

（6）捣捶的作用是什么？

（7）如何正确开启香槟酒瓶、葡萄酒瓶？

（8）酒吧常使用的专用度量术语有哪些？

模块 3

鸡尾酒调制实例

专题 **11** 以金酒为基酒的鸡尾酒

以金酒为基酒的
鸡尾酒

[学习准备] 在学习本专题之前，重温金酒的特点，尽可能说出多个
金酒的品牌。

[学习目标] 了解和掌握以金酒为基酒的鸡尾酒的调制方法、装饰物
及注意事项。

[创业准备] （1）熟记本专题介绍的鸡尾酒配方。
（2）尝试计算出每款鸡尾酒的销售价格。
（3）熟记本专题几款鸡尾酒的外文名称。

 学习内容

在常见的鸡尾酒基酒中，金酒是用途
最广泛的。

11.1 亚历山大（Alexander）（图 11.1）

配料：1 盎司金酒、1 盎司白色可可液、
1 盎司奶油。

载杯：马天尼酒杯。

制法：将所有配料倒入装有冰块的摇
壶中，摇匀后滤入冻过的马天尼酒杯中。

装饰：肉桂粉。

图 11.1 亚历山大

11.2　吉姆雷（Gimlet）（图 11.2）

配料： 1 盎司青柠汁、1.5 盎司金酒。

载杯： 马天尼酒杯。

制法： 将上述配料与冰块摇匀后，滤入马天尼酒杯中。可根据需要加入糖粉。

装饰： 柠檬片或橙片。

图 11.2　吉姆雷

11.3　绿洲（Oasis）（图 11.3）

配料： 2 盎司金酒、0.5 盎司蓝色古拉索、4 盎司汤力水。

载杯： 海波酒杯。

制法： 在装有冰块的海波酒杯中倒入金酒，再加入蓝色古拉索，最后注入汤力水，轻轻搅动。

装饰： 一片柠檬和一片薄荷叶。

图 11.3　绿洲

11.4　汤姆柯林斯（Tom Collins）（图 11.4）

配料： 2 盎司金酒、苏打水适量。

载杯： 柯林斯杯。

制法： 将金酒倒入装有冰块的柯林斯杯，再注入苏打水。

装饰： 樱桃、橙片或柠檬片。

图 11.4　汤姆柯林斯

11.5　金飞滋（Gin Fizz）（图 11.5）

配料： 1 盎司青柠汁、1 汤匙糖粉、2 盎司金酒、苏打水适量。

载杯： 古典杯。

制法： 先将青柠汁、糖粉及金酒与冰块摇匀后倒入玻璃杯，再注入苏打水。

装饰： 樱桃与柠檬片或橙块。

图 11.5　金飞滋

11.6　金意（Gin It）（图 11.6）

金意是金酒和意大利的简称。

配料：2 盎司金酒、1 盎司红味美思酒。

载杯：古典杯。

制法：在装有 2～3 块冰块的古典杯中倒入上述配料，稍微搅拌。

装饰：柠檬皮丝。

11.7　金汤力（Gin and Tonic）（图 11.7）

配料：2 盎司金酒、汤力水适量、1 片青柠。

载杯：古典杯。

制法：将古典杯装满冰块，先倒入金酒，再注入汤力水即可。

装饰：将青柠汁液挤入酒中，再放入杯里，也可将青柠片卡在杯口。

11.8　窈窕淑女（My Fair Lady）（图 11.8）

这款果味明显的鸡尾酒于 20 世纪 50 年代在伦敦发明。

配料：2 盎司金酒、1 盎司橙汁、1 盎司柠檬汁、1 个鸡蛋白。

载杯：马天尼酒杯。

制法：将所有配料与冰块摇匀，滤入马天尼酒杯中。

装饰：小块柠檬皮。

11.9　红粉佳人（Pink Lady）（图 11.9）

配料：2 盎司金酒、1 汤匙石榴糖浆、0.5 匙樱桃白兰地、0.5 盎司鲜奶油、1 个鸡蛋白。

载杯：马天尼酒杯。

制法：将上述配料与冰块摇匀至起泡沫，滤入鸡尾酒杯。

装饰：樱桃，也可在杯口蘸石榴汁后再沾细白糖作装饰。

图 11.6　金意

图 11.7　金汤力

图 11.8　窈窕淑女

图 11.9　红粉佳人

11.10　新加坡司令（Singapore Sling）（图 11.10）

配料：1 盎司金酒、0.5 盎司樱桃白兰地、0.5 盎司石榴糖浆、苏打水适量、1 盎司酸甜液。

载杯：锥形皮尔森啤酒杯。

制法：将石榴糖浆倒入玻璃载杯的底部，加入冰块，再倒入金酒、酸甜液和苏打水。最后倒入樱桃白兰地，略加搅拌。

装饰：樱桃、菠萝。

11.11　白衣女人（White Lady）（图 11.11）

此款鸡尾酒是 20 世纪 20 年代的经典。

配料：1.5 盎司金酒、1.5 盎司君度橙酒、1.5 盎司柠檬汁。

载杯：马天尼酒杯。

制法：将全部配料摇匀后滤入上过霜的马天尼酒杯。

装饰：青柠片或青柠皮丝。

11.12　蓝美人（Blue Lady）（图 11.12）

配料：1 盎司干金酒、2 盎司蓝色古拉索、2 盎司柠檬汁、1 个鸡蛋白。

载杯：马天尼酒杯或古典杯。

制法：将上述配料倒入摇壶摇匀后滤入马天尼酒杯或古典杯。

装饰：红樱桃或杨桃块。

11.13　鬼天气（Damn the Weather）（图 11.13）

配料：2 盎司金酒、1 盎司甜味美思、

3 盎司橙汁、1 盎司橙味古拉索。

载杯：古典杯。

制法：将上述配料与冰块摇匀后滤入古典杯中。

装饰：用缠绕在牙签上的橙皮丝作装饰。

图 11.10　新加坡司令

图 11.11　白衣女人

图 11.12　蓝美人

图 11.13　鬼天气

11.14　吉布森（Gibson）（图11.14）

配料：2.5盎司金酒、1.5匙白砂糖。

载杯：马天尼酒杯。

制法：将上述配料与冰块摇匀，滤入马天尼酒杯。

装饰：用牙签穿起的鸡尾酒小白葱三个或用薄荷叶、柠檬皮丝作装饰。

图11.14　吉布森

 知识回顾

（1）"吉姆雷"一般用什么作装饰物？

（2）"窈窕淑女"这款鸡尾酒是什么时候发明的？

（3）如何调制"汤姆柯林斯"？

（4）"红粉佳人"使用什么类型的载杯？

（5）"蓝美人"与"红粉佳人"有什么区别？

 技能提升

专题11技能提升内容：11.8窈窕淑女、11.9红粉佳人、11.10新加坡司令、11.12蓝美人、11.13鬼天气。

专题 **12** 以伏特加为基酒的
鸡尾酒

[学习准备] 在学习本专题之前，重温伏特加的特点，尽可能说出多
个伏特加的品牌。

[学习目标] 了解和掌握以伏特加为基酒的鸡尾酒的调制方法、装饰
物及注意事项。

[创业准备] （1）熟记本专题介绍的鸡尾酒配方。
（2）尝试计算出每款鸡尾酒的销售价格。
（3）熟记本专题几款鸡尾酒的外文名称。

 学习内容

12.1　海风（Sea Breeze）（图12.1）

配料：2盎司伏特加、蔓越莓汁适量、
西柚汁适量。

载杯：海波酒杯。

制法：将伏特加倒入装有冰块的海波酒
杯中，再倒入适量蔓越莓汁和适量西柚汁。

装饰：青柠块、柠檬块。

12.2　血玛丽（Bloody Mary）（图12.2）

配料：1.5盎司伏特加、4盎司番茄汁、

图12.1　海风

1滴柠檬汁、2～3滴TABASCO辣椒水、适量芹菜秆、盐、胡椒。

载杯：海波酒杯。

制法：将所有配料与冰块摇匀，倒入装有冰块的海波酒杯；也可以直接往装有冰块的海波酒杯中加入所有配料，搅拌均匀即可。

装饰：芹菜秆和青柠。

图12.2　血玛丽

12.3　黑色俄罗斯人（Black Russian）（图12.3）

配料：1.5盎司伏特加、1盎司卡露瓦咖啡利口酒。

载杯：古典杯或海波酒杯。

制法：在杯中先装入冰块，然后将上述配料倒入杯中，搅匀。

装饰：红樱桃或柠檬片。

图12.3　黑色俄罗斯人

12.4　白色俄罗斯人（White Russian）（图12.4）

配料：1盎司伏特加、1盎司卡露瓦咖啡利口酒、2盎司鲜牛奶或奶油。

载杯：古典杯。

制法：在古典杯中先装入冰块，然后将上述配料倒入杯中，搅匀。

装饰：可用红樱桃或柠檬片作装饰。

图12.4　白色俄罗斯人

12.5　大世界（Cosmopolitan）（图12.5）

配料：1.5盎司伏特加、1盎司君度、1滴蔓越莓汁。

载杯：马天尼酒杯。

制法：将上述配料与冰块摇匀后滤入冻过的马天尼酒杯。

装饰：柠檬片或青柠片。

图12.5　大世界

12.6　灰狗（Greyhound）（图 12.6）

配料：3 盎司皇冠伏特加、4 盎司西柚汁。

载杯：古典杯。

制法：在装有冰块的杯中倒入伏特加，再注入西柚汁。

装饰：用青柠片或橙片装饰。

12.7　咸狗（Salty Dog）（图 12.7）

配料：3 盎司伏特加、4 盎司西柚汁。

载杯：古典杯。

制法：将玻璃杯口先在西柚汁中蘸一下，然后沾上优质细粒海盐。在古典杯中放入冰块，倒入伏特加，最后注入西柚汁，略加搅拌。

装饰：西柚片。

12.8　哈维沃班杰（Harvey Wallbanger）（图 12.8）

配料：1 盎司伏特加、4 盎司橙汁、0.5 盎司加利安努。

载杯：柯林斯杯。

制法：先将伏特加和橙汁倒入装有冰块的玻璃杯中，搅拌均匀。再将加利安努顺着茶匙背倒入伏特加和橙汁中。

装饰：橙片。

12.9　莫斯科骡子（Moscow Mule）（图 12.9）

这是一款经典的美国鸡尾酒。

配料：2 盎司伏特加、0.5 盎司青柠汁、3 盎司姜汁汽水。

载杯：海波酒杯。

制法：将伏特加酒和青柠汁倒入装有冰块的海波酒杯中，用酒吧匙搅拌均匀，再加入姜汁汽水。

装饰：将一片或多片切好的青柠放入酒中。

图 12.6　灰狗

咸狗鸡尾酒
制作

图 12.7　咸狗

图 12.8　哈维沃班杰

图 12.9　莫斯科骡子

12.10　螺丝刀（Screwdriver）
（图 12.10）

配料：2 盎司伏特加、橙汁适量。

载杯：柯林斯杯。

制法：将伏特加倒入装有冰块的柯林斯杯中，再注入橙汁，搅拌均匀即可。

装饰：橙片或柠檬片。

12.11　凯普柯得（Cape Codder）
（图 12.11）

配料：2 盎司伏特加、蔓越莓汁适量。

载杯：海波酒杯。

制法：将伏特加倒入装有冰块的海波酒杯中，再注入蔓越莓汁。

装饰：青柠片。

12.12　长岛冰茶（Long Island Iced Tea）
（图 12.12）

配料：1 盎司伏特加、1 盎司金酒、1 盎司淡色朗姆酒、1 盎司君度、1 盎司特基拉、1 盎司青柠汁、少量可乐。

载杯：冰茶杯或柯林斯杯。

制法：将 5 种基酒倒入装有冰块的载杯中，再注入青柠汁和可乐。

装饰：柠檬块、薄荷叶。

12.13　长滩冰茶（Long Beach Iced Tea）
（图 12.13）

配料：1 盎司伏特加、1 盎司金酒、1 盎司淡色朗姆酒、1 盎司君度、1 盎司特基拉、1 盎司青柠汁、蔓越莓汁适量。

载杯：冰茶杯或柯林斯杯。

制法：将 5 种基酒倒入装有冰块的载杯，注入青柠汁和蔓越莓汁。

装饰：青柠块。

图 12.10　螺丝刀

图 12.11　凯普柯得

长岛冰茶鸡尾酒制作

图 12.12　长岛冰茶

图 12.13　长滩冰茶

12.14 东京绿茶（Tokyo Tea）（图 12.14）

配料：1 盎司伏特加、1 盎司金酒、1 盎司淡色朗姆酒、1 盎司君度、1 盎司特基拉、1 盎司青柠汁、蜜瓜汁适量。

载杯：冰茶杯或柯林斯杯。

制法：将伏特加、金酒、淡色朗姆酒、君度、特基拉倒入装有冰块的玻璃杯，再加入青柠汁和蜜瓜汁。

装饰：一只樱桃。

说明：如同长岛冰茶，只是可乐换成了蜜瓜汁。

图 12.14 东京绿茶

12.15 甜马天尼（Martini Sweet）（图 12.15）

配料：3.5 盎司伏特加、0.5 盎司甜味美思。

载杯：马天尼酒杯。

制法：将伏特加和味美思倒入装有冰块的摇壶，搅拌后滤入冻过的马天尼酒杯。

装饰：橄榄或柠檬丝。

图 12.15 甜马天尼

心跳鸡尾酒制作

12.16 银丝裤（Silk Panties）（图 12.16）

配料：1.5 盎司伏特加、0.5 盎司黄桃汽水。

载杯：肖特杯。

制法：将配料倒入装有冰块的摇壶里，摇匀后滤入肖特杯中。

装饰：无。

干马天尼鸡尾酒制作

图 12.16 银丝裤

12.17　呜呜（Woo Woo）（图 12.17）

配料：1 盎司伏特加、1 盎司黄桃汽水、1 盎司蔓越莓汁。

载杯：肖特杯。

制法：将全部配料倒入装有冰块的摇壶，摇匀后滤入肖特杯。

装饰：无。

说明：也可以直接将材料倒入装有冰块的肖特杯。

12.18　教母（Godmother）（图 12.18）

配料：1.5 盎司伏特加、1.5 盎司阿玛热图。

载杯：古典杯。

制法：将上述配料倒入装有冰块的古典杯中，搅拌均匀后即可。

装饰：无。

图 12.18　教母

图 12.17　呜呜

 知识回顾

（1）"血玛丽"这款鸡尾酒的主要配料是什么？

（2）"白色俄罗斯人"与"黑色俄罗斯人"有什么区别？

（3）"灰狗"与"咸狗"有什么区别？

（4）如何调制"螺丝刀"这款鸡尾酒？

（5）"银丝裤"这款鸡尾酒使用什么类型的载杯？

 技能提升

专题 12 技能提升内容：12.2 血玛丽、12.12 长岛冰茶、12.13 长滩冰茶、12.14 东京绿茶。

专题 **13** 以朗姆酒为基酒的鸡尾酒

以朗姆酒为基
酒的鸡尾酒

[学习准备] 在学习本专题之前，重温朗姆酒的特点，尽可能说出多
个朗姆酒的品牌。

[学习目标] 了解和掌握以朗姆酒为基酒的鸡尾酒的调制方法、装饰
物及注意事项。

[创业准备] （1）熟记本专题介绍的鸡尾酒配方。
（2）尝试计算出每款鸡尾酒的销售价格。
（3）熟记本专题几款鸡尾酒的外文名称。

 学习内容

13.1 雪凝得其利（Frozen Daiquiri）（图 13.1）

配料：2 盎司淡色朗姆酒、0.5 盎司君度、2 盎司青柠汁。

载杯：马天尼酒杯。

制法：将所有配料倒入装有冰块的搅拌机。搅拌至松软后，倒入马天尼酒杯。

装饰：青柠块。

图 13.1 雪凝得其利

13.2　草莓得其利（Strawberry Daiquiri）（图 13.2）

配料：2 盎司淡色朗姆酒、0.5 盎司草莓味利口酒、1 盎司柠檬橙汁混合液、3 只鲜草莓。

载杯：古典杯或者马天尼酒杯。

制法：将所有配料倒入装有冰块的搅拌机，搅拌至松软后，倒入古典杯或马天尼酒杯中。如果太稠，可加入柠檬橙汁混合液。

装饰：草莓或者柠檬片，也可用起泡奶油作装饰。

图 13.2　草莓得其利

13.3　小岛轻风（Island Breeze）（图 13.3）

配料：2 滴奥古斯突拉苦精酒、4 盎司菠萝汁、1 盎司蔓越莓汁、1.5 盎司淡色朗姆酒。

载杯：海波酒杯。

制法：将材料逐一倒入装有冰块的海波酒杯。

装饰：青柠块。

图 13.3　小岛轻风

13.4　迈泰（Mai Tai）（图 13.4）

配料：2 盎司君度橙酒、1 盎司深色朗姆酒、1 盎司淡色朗姆酒、1 盎司阿玛热图、4 盎司鲜榨柠檬汁、1 滴青柠汁、1 滴石榴糖浆、1 滴菠萝汁。

载杯：飓风酒杯。

制法：将上述配料与冰块摇匀后倒入飓风酒杯中。再注入菠萝汁。

装饰：红樱桃、菠萝肉。

图 13.4　迈泰

13.5　自由古巴人（Guba Libre）（图 13.5）

配料： 2 盎司深色朗姆酒、1 盎司青柠汁液、可乐适量。

载杯： 锥形皮尔森酒杯或古典杯。

制法： 在装有冰块的玻璃杯中倒入深色朗姆酒和青柠汁，搅拌均匀后注入可乐。

装饰： 青柠块。

图 13.5　自由古巴人

13.6　莫一托（Mojito）（图 13.6）

配料： 1.5 盎司淡色朗姆酒、几片薄荷叶、0.5 盎司青柠汁、2 滴苦精酒、0.5 盎司糖浆（或 4 汤匙糖粉）、苏打水适量。

载杯： 柯林斯杯。

制法： 将薄荷叶和青柠汁放入柯林斯杯中，用捣棒捣碎后加入 2 滴苦精酒和糖浆（或 4 汤匙糖粉），接着加入冰块、淡色朗姆酒，最后注入苏打水。搅拌均匀即可。

装饰： 薄荷叶或者青柠片。

图 13.6　莫一托

13.7　蓝色夏威夷人（Blue Hawaiian）（图 13.7）

配料： 1 盎司淡色朗姆酒、1 盎司马利宝椰子味朗姆酒、1 盎司蓝色古拉索、适量菠萝汁。

载杯： 柯林斯杯。

制法： 将淡色朗姆酒和马利宝椰子味朗姆酒倒入装有冰块的柯林斯杯中，用菠萝汁将杯子注满，最后加入蓝色古拉索。略加搅拌即可。

装饰： 菠萝片及樱桃。

说明： 也可以用飓风酒杯装载本饮品。

蓝色夏威夷人
鸡尾酒制作

图 13.7　蓝色夏威夷人

13.8　椰林飘香（Pina Colada）（图 13.8）

配料： 3 盎司深色朗姆酒、3 汤匙椰子汁、3 汤匙菠萝肉。

载杯： 飓风酒杯。

制法： 将配料倒入电动搅拌机，加入两杯碎冰，高速搅拌 30 秒后，倒入飓风酒杯中即可。

装饰： 用樱桃、花伞装饰，配吸管。

13.9　玛丽·皮克佛德（Mary Pickford）（图 13.9）

配料： 1.5 盎司淡色朗姆酒、1.5 盎司菠萝汁、0.25 盎司石榴糖浆。

载杯： 马天尼酒杯。

制法： 将上述配料与冰块摇匀后，滤入冻过的马天尼酒杯中。

装饰： 樱桃。

13.10　上海（Shanghai）（图 13.10）

配料： 1.5 盎司淡色朗姆酒、1 盎司三步卡茴香酒、1 滴石榴糖浆、0.5 盎司柠檬汁。

载杯： 马天尼酒杯。

制法： 将所有配料与冰块摇匀后，滤入冻过的马天尼酒杯中。

装饰： 青柠块。

图 13.9　玛丽·皮克佛德

椰林飘香鸡尾酒制作

图 13.8　椰林飘香

图 13.10　上海

13.11 毒蝎（Scorpion）（图 13.11）

配料： 半杯冰块、2 盎司淡色朗姆酒、1 盎司白兰地、2 盎司橙汁、1 盎司柠檬汁。

载杯： 海波酒杯。

制法： 在搅拌机中将上述配料搅匀至松软状，倒入载杯中。

装饰： 可用橙片或 1 滴石榴糖浆装饰。

图 13.11　毒蝎

蓝色潜水艇
鸡尾酒制作

 知识回顾

（1）"雪凝得其利"调制过程中需要使用摇壶吗？

（2）"迈泰"的主要配料有哪些？

（3）"莫一托"使用的是什么载杯？

（4）如何调制"自由古巴人"？

 技能提升

专题 13 技能提升内容：13.2 草莓得其利、13.4 迈泰、13.6 莫一托、13.7 蓝色夏威夷人、13.11 毒蝎。

专题 **14** 以威士忌为基酒的鸡尾酒

以威士忌为基
酒的鸡尾酒

 [学习准备] 在学习本专题之前，重温威士忌的特点，尽可能说出多
个威士忌的品牌。

[学习目标] 了解和掌握以威士忌为基酒的鸡尾酒的调制方法、装饰
物及注意事项。

[创业准备] （1）熟记本专题介绍的鸡尾酒配方。
（2）尝试计算出每款鸡尾酒的销售价格。
（3）熟记本专题几款鸡尾酒的外文名称。

 学习内容

14.1 教父（Godfather）（图 14.1）

配料：1.5 盎司苏格兰威士忌、0.5 盎
司阿玛热图。

载杯：古典杯。

制法：将上述配料倒入装有冰块的古
典杯中。

装饰：放入两片青柠及少量碎冰。

图 14.1 教父

14.2 古典（Old-fashioned）（图 14.2）

配料： 2 盎司混合型威士忌、1 滴苦精酒、适量清水、适量糖粉。

载杯： 古典杯。

制法： 在古典杯中将苦精酒、水及糖粉完全混合后，加入冰块和威士忌即可。

装饰： 橙片、樱桃。

古典鸡尾酒
制作

图 14.2 古典

14.3 完美曼哈顿（Perfect Manhattan）（图 14.3）

配料： 3.5 盎司威士忌、0.25 盎司甜味美思、0.25 盎司干味美思。

载杯： 马天尼酒杯。

制法： 将威士忌酒和两种味美思倒入装有冰块的摇壶中，摇匀后滤入冻过的马天尼酒杯即可。

装饰： 樱桃或柠檬皮。

图 14.3 完美曼哈顿

14.4 曼哈顿（Manhattan）（图 14.4）

配料： 1 滴苦精酒、2 盎司加拿大威士忌、1 盎司甜味美思。

载杯： 马天尼酒杯。

制法： 将上述配料与冰块摇匀后滤入马天尼酒杯。

装饰： 樱桃。

说明： 这是一款经典的纽约马天尼鸡尾酒。

图 14.4 曼哈顿

14.5 锈钉子（Rusty Nail）（图 14.5）

配料： 1.5 盎司苏格兰威士忌、1.5 盎

图 14.5 锈钉子

司杜林标酒。

　　载杯：古典杯。

　　制法：将上述配料倒入装有冰块的古典杯中，搅拌即可。

　　装饰：柠檬皮或无。

14.6　薄荷菊丽（Mint Julep）（图 14.6）

　　配料：2.5 盎司波本威士忌、适量清水、1 汤匙糖粉、几片薄荷叶。

　　载杯：柯林斯杯。

　　制法：将薄荷叶与糖粉、清水一起捣匀，加入碎冰块，最后注入波本威士忌。

　　装饰：薄荷叶、橙片及樱桃。

图 14.6　薄荷菊丽

14.7　罗波罗伊（Rob Roy）（图 14.7）

　　配料：3.5 盎司苏格兰威士忌、0.5 盎司甜味美思。

　　载杯：马天尼酒杯。

　　制法：将以上配料倒入装有冰块的摇壶，搅拌后滤入冻过的马天尼酒杯。

　　装饰：樱桃或者柠檬丝。

　　说明：也可以使用干味美思替代甜味美思。

图 14.7　罗波罗伊

14.8　酸威士忌（Whisky Sour）（图 14.8）

　　配料：1 盎司威士忌、1 盎司柠檬汁、1 盎司橙汁、1 盎司糖浆、粗海盐少量、1 片柠檬。

　　载杯：古典杯。

　　制法：将上述配料与冰块摇匀后，滤入杯口沾有盐粒且装有冰块的古典杯中。

图 14.8　酸威士忌

装饰：柠檬片。

14.9 百万富翁（Millionaire）（图 14.9）

配料：3 盎司威士忌、少量君度、少量石榴糖浆、1 个鸡蛋白。

载杯：马天尼酒杯。

制法：将上述配料与冰块摇匀后，滤入马天尼酒杯中。

装饰：橙片或无。

14.10 阿尔冈昆（Algonquin）（图 14.10）

配料：3 盎司波本威士忌、1 盎司干味美思、1 盎司菠萝汁。

载杯：马天尼酒杯。

制法：将上述配料与冰块摇匀后，滤入马天尼酒杯即可。

装饰：花伞或无。

悬浮鸡尾酒
制作

图 14.9 百万富翁

图 14.10 阿尔冈昆

 知识回顾

（1）如何调制"古典"鸡尾酒？

（2）"完美曼哈顿"这款鸡尾酒包括哪些配料？

（3）"曼哈顿"与"完美曼哈顿"的区别是什么？

（4）"锈钉子"是用什么类型的载杯？

（5）如何调制"薄荷菊丽"？

 技能提升

专题 14 技能提升内容：14.2 古典、14.6 薄荷菊丽、14.8 酸威士忌、14.9 百万富翁。

专题 **15** 以特基拉为基酒的
鸡尾酒

以特基拉为基
酒的鸡尾酒

[学习准备] 在学习本专题之前，重温特基拉的特点，尽可能说出多
个特基拉的品牌。

[学习目标] 了解和掌握以特基拉为基酒的鸡尾酒的调制方法、装饰
物及注意事项。

[创业准备] （1）熟记本专题介绍的鸡尾酒配方。
（2）尝试计算出每款鸡尾酒的销售价格。
（3）熟记本专题几款鸡尾酒的外文名称。

 学习内容

15.1 特基拉日出（Tequila Sunrise）（图 15.1）

配料：2 盎司特基拉、3.5 盎司橙汁、0.5
盎司石榴糖浆。

载杯：海波酒杯。

制法：将特基拉、橙汁与冰块一起在
摇壶中摇匀后，倒入海波酒杯中。加入冰
块，然后缓慢倒入石榴糖浆。待石榴糖浆
缓慢下沉时，轻微搅动即可。

装饰：橙片。

图 15.1 特基拉日出

15.2 特基拉日落（Tequila Sunset）（图 15.2）

配料： 2 盎司特基拉、0.5 盎司马利布朗姆酒、0.5 盎司香蕉利口液、1 盎司橙汁、2 盎司菠萝汁。

载杯： 马天尼酒杯。

制法： 在装有冰块的马天尼酒杯中倒入全部配料。

装饰： 橙块和菠萝棒或樱桃串。

图 15.2 特基拉日落

15.3 玛格瑞塔（Margarita）（图 15.3）

配料： 1.5 盎司特基拉、0.5 盎司君度、适量青柠汁、适量盐粒。

载杯： 玛格瑞塔酒杯。

制法： 先用青柠片将玛格瑞塔酒杯口涂湿后沾上盐粒，加入冰块，将特基拉、君度倒入杯中，最后注入青柠汁。

装饰： 青柠片。

说明： 也可以加入橙汁。

图 15.3 玛格瑞塔

15.4 血玛丽亚（Bloody Maria）（图 15.4）

配料： 1 盎司特基拉、1 滴柠檬汁、1 滴 TABASCO 辣椒水、2 盎司番茄汁、盐少量。

载杯： 海波酒杯或飓风酒杯。

制法： 将所有的配料与碎冰一起摇匀后，滤入装有冰块的玻璃杯中。

装饰： 芹菜秆。

图 15.4 血玛丽亚

15.5　蕾丝袜（Silk Stockings）（图 15.5）

配料：1.5 盎司特基拉、1 盎司可可液、1 滴石榴糖浆、1.5 盎司淡奶油。

载杯：马天尼酒杯。

制法：将上述配料倒入装有冰块的摇壶中，摇匀后滤入马天尼酒杯即可。

装饰：肉桂粉。

图 15.5　蕾丝袜

15.6　罗西塔（Rosita）（图 15.6）

配料：1 盎司特基拉、0.5 盎司甜味美思、0.5 盎司干味美思。

载杯：古典杯。

制法：将上述配料倒入装有冰块的古典杯中，略加搅拌即可。

装饰：柠檬片。

图 15.6　罗西塔

15.7　学舌鸟（Mockingbird）（图 15.7）

配料：2 盎司特基拉、0.75 盎司绿薄荷液、1 盎司新鲜青柠汁。

载杯：马天尼酒杯。

制法：将上述配料与冰块摇匀，然后注入冻过的马天尼酒杯中。

装饰：青柠片或无。

三色龙舌兰
鸡尾酒制作

图 15.7　学舌鸟

113

知识回顾

（1）如何调制"玛格瑞塔"？

（2）"血玛丽亚"这款鸡尾酒包括哪些配料？

（3）"血玛丽"与"血玛丽亚"有何区别？

（4）"学舌鸟"这款鸡尾酒使用的是什么载杯？

（5）"特基拉日出"与"特基拉日落"有什么区别？

技能提升

专题 15 技能提升内容：15.2 特基拉日落、15.4 血玛利亚。

以白兰地及利
口酒为基酒的
鸡尾酒

专题 *16* 以白兰地及利口酒
为基酒的鸡尾酒

[学习准备] 在学习本专题之前，重温白兰地及利口酒的特点，尽可能说出多个利口酒的品牌。

[学习目标] 了解和掌握以白兰地及利口酒为基酒的鸡尾酒的调制方法、装饰物及注意事项。

[创业准备] （1）熟记本专题介绍的鸡尾酒配方。

（2）尝试算出每款鸡尾酒的基本价格。

（3）熟记本专题几款鸡尾酒的外文名称。

 学习内容

16.1 边车（Sidecar）（图16.1）

配料：1盎司白兰地（张裕金奖白兰地）、0.5盎司柠檬汁、0.5盎司君度。

载杯：马天尼酒杯或古典杯。

制法：将上述配料与冰块摇匀后滤入冻过的马天尼酒杯或古典杯中。

装饰：柠檬皮。

图16.1 边车

16.2 白兰地亚历山大（Brandy Alexander）（图 16.2）

配料：1.5 盎司白兰地、1.5 盎司深色可可液、2 盎司鲜奶油。

载杯：马天尼酒杯。

制法：将上述所有配料倒入装有冰块的摇壶，摇匀后滤入冻过的马天尼酒杯中。

装饰：肉桂粉、樱桃。

图 16.2 白兰地亚历山大

16.3 死尸复活（Corpse Reviver）（图 16.3）

配料：1.5 盎司白兰地、0.75 盎司苹果酒、0.75 盎司甜味美思。

载杯：马天尼酒杯。

制法：将上述配料与冰块一起摇匀后，滤入马天尼酒杯中。

装饰：苹果片或无。

图 16.3 死尸复活

16.4 哈佛（Harvard）（图 16.4）

配料：1.5 盎司白兰地、0.5 盎司甜味美思、0.25 盎司柠檬汁、0.25 盎司石榴糖浆、2 滴苦精酒。

载杯：马天尼酒杯。

制法：将上述配料与冰块摇匀后，滤入马天尼酒杯中。

装饰：红樱桃或无。

图 16.4 哈佛

16.5　ABC（图 16.5）

配料：0.5 盎司阿玛热图、0.5 盎司百利爱尔兰奶油利口酒、0.5 盎司干邑酒。

载杯：肖特杯。

制法：往肖特杯中逐层倒入阿玛热图、百利爱尔兰奶油利口酒、干邑酒。

装饰：无。

图 16.5　ABC

16.6　B-52 轰炸机（图 16.6）

配料：0.5 盎司咖啡利口酒、0.5 盎司百利爱尔兰奶油利口酒、0.5 盎司金万利（大马尼尔酒）。

载杯：肖特杯。

制法：往肖特杯中逐层倒入咖啡利口酒、百利爱尔兰奶油利口酒、金万利（大马尼尔酒）。

装饰：无。

图 16.6　B-52 轰炸机

B-52 轰炸机
鸡尾酒制作

16.7　香蕉丝利普（Banana Slip）（图 16.7）

配料：1.5 盎司香蕉利口液、1.5 盎司爱尔兰奶油。

载杯：利口酒杯。

制法：往利口酒杯中先倒入香蕉利口液，再缓缓倒入爱尔兰奶油。

装饰：无。

图 16.7　香蕉丝利普

16.8　爱尔兰国旗（Irish Flag）（图 16.8）

配料：0.5 盎司绿色薄荷液、0.5 盎司爱尔兰奶油、0.5 盎司金万利（大马尼尔酒）。

载杯：肖特杯。

制法：往肖特杯中逐层倒入绿色薄荷液、爱尔兰奶油、金万利（大马尼尔酒）。

装饰：无。

图 16.8　爱尔兰国旗

16.9　响尾蛇（Rattle Snake）（图 16.9）

配料：0.5 盎司咖啡利口酒、0.5 盎司白色可可液、0.5 盎司爱尔兰奶油。

载杯：肖特杯。

制法：往肖特杯中逐层、缓慢倒入咖啡利口酒、白色可可液、爱尔兰奶油。

装饰：无。

图 16.9　响尾蛇

16.10　三色旗（Three-color Flag）（图 16.10）

配料：0.5 盎司石榴糖浆、0.5 盎司鲜奶油、0.5 盎司蓝色古拉索。

载杯：利口酒杯。

制法：往利口酒杯中逐层、缓慢倒入石榴糖浆、鲜奶油、蓝色古拉索。

装饰：无。

图 16.10　三色旗

16.11　草蜢（Grasshopper）（图 16.11）

配料：0.75 盎司绿色薄荷液、0.75 盎司白色可可液、0.75 盎司浓牛奶。

载杯：广口香槟酒杯。

制法：将上述配料与冰块摇匀后，滤入广口香槟杯中。

装饰：薄荷叶。

图 16.11　草蜢

16.12　黄金美梦（Golden Dream）（图 16.12）

配料：1 盎司加利安奴、1 盎司君度、1 盎司橙汁、少量鲜牛奶。

载杯：广口香槟酒杯。

制法：将上述配料与冰块摇匀后，滤入载杯中。

装饰：橙皮丝。

16.13　金色凯迪拉克（Golden Cadillac）（图 16.13）

配料：2 盎司加利安努、2 盎司白色可可液、2 盎司鲜牛奶。

载杯：广口香槟酒杯。

制法：在搅拌机中加入冰块，将上述配料倒入其中，低速搅拌 5 秒，倒入杯中即可。

装饰：无。

图 16.12　黄金美梦

绿光鸡尾酒制作

图 16.13　金色凯迪拉克

16.14　左右逢源（Between the Sheets）（图 16.14）

配料：1 盎司君度、1 盎司白兰地、1 盎司淡色朗姆酒、2 汤匙柠檬汁。

载杯：广口香槟酒杯。

制法：将上述配料与冰块摇匀后，滤入广口香槟酒杯中。

装饰：柠檬丝或无。

16.15　毒针（Stinger）（图 16.15）

配料：2 盎司白兰地、2 盎司白色薄荷液。

载杯：马天尼酒杯。

制法：将上述配料与冰块摇匀后，滤入马天尼酒杯中。

装饰：薄荷叶或无。

16.16　天使之吻（Angel's Kiss）（图 16.16）

配料：0.25 盎司棕色可可液、0.25 盎司淡奶油。

载杯：泡丝咖啡杯。

制法：按顺序将配料逐一轻轻倒入泡丝咖啡杯中。

装饰：红樱桃。

图 16.14　左右逢源

图 16.15　毒针　　　图 16.16　天使之吻

知识回顾

（1）如何调制"白兰地亚历山大"？

（2）"边车"这款鸡尾酒使用的是什么载杯？

技能提升

专题16技能提升内容：16.4 哈佛、16.10 三色旗、16.14 左右逢源。

（3）"哈佛"鸡尾酒包括哪些配料？

（4）"ABC"使用的是什么调制方法？

（5）如何调制"B-52 轰炸机"？

（6）如何调制"响尾蛇"？

专题 *17* 以葡萄酒、香槟酒、中国白酒为基酒的鸡尾酒

[学习准备] 在学习本专题之前，重温葡萄酒、香槟酒的特点，尽可能说出多个葡萄酒及香槟酒的品牌。

[学习目标] 了解和掌握以葡萄酒、香槟酒为基酒的鸡尾酒、咖啡鸡尾酒及非乙醇类饮料的调制方法、装饰物及注意事项。

[创业准备] （1）熟记本专题介绍的鸡尾酒配方。

（2）尝试计算出每款鸡尾酒的销售价格。

（3）熟记本专题几款鸡尾酒的外文名称。

 学习内容

17.1 美洲人（Americano）（图 17.1）

配料： 1盎司金巴利、1盎司甜味美思、苏打水适量。

载杯： 古典杯。

制法： 在古典杯中装入冰块，按顺序倒入金巴利和味美思，再注入苏打水。

装饰： 柠檬丝、橙片或无。

图 17.1　美洲人

17.2　斯普瑞泽（Spritzer）（图 17.2）

配料： 2 盎司苏打水、6 盎司白葡萄酒。

载杯： 白葡萄酒杯。

制法： 在装有冰块的葡萄酒杯中依次倒入白葡萄酒和苏打水。

装饰： 柠檬皮或无。

17.3　贝林尼（Bellini）（图 17.3）

配料： 1 只半熟的黄桃肉、4～6 盎司起泡白葡萄酒或香槟酒。

载杯： 笛形香槟酒杯。

制法： 将搅拌过的黄桃肉倒入笛形香槟酒杯，再缓慢加入香槟酒。轻轻搅动即可。

装饰： 桃片或青柠片。

17.4　含羞草（Mimosa）（图 17.4）

配料： 香槟酒、橙汁适量。

载杯： 笛形香槟酒杯。

制法： 在笛形香槟酒杯中先注入 3/4 的香槟酒，再注入 1/4 的橙汁。

装饰： 樱桃或橙片。

图 17.2　斯普瑞泽

图 17.3　贝林尼

图 17.4　含羞草

17.5 香槟鸡尾酒（Champagne Cocktail）（图 17.5）

配料：1 块方糖、2 滴安哥斯突拉苦精酒、0.5 盎司白兰地、香槟酒。

载杯：笛形香槟酒杯。

制法：将方糖放入笛形香槟酒杯中，加入安哥斯突拉苦精酒，滚动方糖使其浸入安哥斯突拉苦精酒；倒入白兰地，最后注入刚开瓶的香槟酒。

装饰：柠檬丝或无。

图 17.5　香槟鸡尾酒

17.6 玛丽莲·梦露（Marilyn Monroe）（图 17.6）

配料：4 盎司香槟酒，0.25 盎司石榴汁。

载杯：广口香槟酒杯。

制法：将所有配料倒入广口香槟酒杯中，轻轻搅拌。

装饰：红樱桃或无。

17.7 高尔夫（Golf）（图 17.7）

配料：2 盎司干味美思、1 盎司金酒、2 滴安哥斯突拉苦精酒。

载杯：海波酒杯。

制法：将上述配料在调和杯中与冰块搅匀后，倒入装有冰块的海波酒杯中即可。

装饰：青柠片。

图 17.6　玛利莲·梦露

图 17.7　高尔夫

17.8　碧海蓝天（ocean and sky）（图 17.8）

配料： 1 盎司青花汾酒，1 盎司波士蓝橙，0.5 盎司莫林橘皮糖浆，1/3 盎司青柠汁，2 盎司雪碧。

载杯： 马天尼酒杯。

制法： 在鸡尾酒摇壶中将上述配料搅拌均匀后倒入杯中。

装饰： 柠檬片装饰。

图 17.8　碧海蓝天

17.9　中国红（red flag）（图 17.9）

配料： 1.5 盎司竹叶青酒，0.5 盎司石榴汁，1 盎司青柠汁，2 盎司汾酒，苏打水 1/2 瓶。

载杯： 马天尼酒杯。

制法： 将上述各酒和果汁放入调酒壶中，加冰块摇匀，滤入杯内，加苏打水。

装饰： 樱桃。

图 17.9　中国红

17.10　百利咖啡（Baileys and Coffee）（图 17.10）

配料： 2 盎司百利爱尔兰奶油、咖啡适量。

载杯： 爱尔兰咖啡杯。

制法： 将百利爱尔兰奶油倒入爱尔兰咖啡杯，注入热咖啡。

装饰： 起泡奶油。

图 17.10　百利咖啡

17.11　爱尔兰咖啡（Irish Coffee）
（图 17.11）

配料：2 盎司爱尔兰威士忌、咖啡适量。

载杯：爱尔兰咖啡杯。

制法：将爱尔兰威士忌倒入爱尔兰咖啡杯，注入热咖啡。

装饰：起泡奶油。

说明：也可以加入薄荷液。

图 17.11　爱尔兰咖啡

17.12　姜汁汽水（Ginger Ale）
（图 17.12）

配料：柠檬/青柠汽水、可乐适量。

载杯：海波酒杯。

制法：将柠檬/青柠汽水倒入装有冰块的杯中，加入可乐。

装饰：橙皮丝。

17.13　罗伊罗杰斯（Roy Rogers）
（图 17.13）

配料：可乐、石榴糖浆适量。

载杯：海波酒杯。

制法：在可乐中加入石榴糖浆。

装饰：樱桃。

说明：这款无乙醇鸡尾酒也叫作"樱桃可乐"。

图 17.12　姜汁汽水

图 17.13　罗伊罗杰斯

咖啡鸡尾酒及
非乙醇类鸡尾酒

17.14　灰姑娘（Cinderella）（图17.14）

配料： 2盎司橙汁、2盎司菠萝汁、1盎司柠檬汁、1盎司苏打水。

载杯： 海波酒杯。

制法： 将果汁摇匀后滤入装有冰块的海波酒杯中，再注入苏打水。

装饰： 柠檬片、吸管。

17.15　秀兰·邓波儿（Shirley Temple）（图17.15）

配料： 1盎司石榴糖浆、姜汁汽水或柠檬汽水适量。

载杯： 海波酒杯。

制法： 在装有冰块的海波酒杯中先倒入石榴糖浆，然后再注入姜汁汽水或柠檬汽水，略加搅拌即可。

装饰： 橙片、柠檬片或樱桃、小花伞，可配吸管。

17.16　意大利苏打（Italian Soda）（图17.16）

配料： 0.25杯淡牛奶或果汁，碳酸汽水、风味糖浆、冰块、起泡奶油各适量。

载杯： 果汁杯或小号海波酒杯。

制法： 在摇壶中加入冰块，倒入糖浆和牛奶或果汁摇匀后连同冰块倒入杯中，再加入汽水略加搅拌，注入起泡奶油。

装饰： 樱桃或无。

图17.14　灰姑娘

图17.15　秀兰·邓波儿

图17.16　意大利苏打

17.17　摩卡咖啡（Café Mocha）
（图 17.17）

配料：巧克力糖浆、意式特浓咖啡、热牛奶各适量。

载杯：爱尔兰咖啡杯。

制法：用蒸汽咖啡机做好特浓咖啡后倒入放有巧克力糖浆的咖啡杯，用蒸汽将牛奶加热后倒入爱尔兰咖啡杯与咖啡混合。

装饰：起泡奶油。

说明：巧克力向来是咖啡的好朋友，摩卡咖啡更使它们的关系升华到了极致，口感香甜滑润，适合于喜欢甜咖啡的人。

17.18　泡沫咖啡／卡普奇诺（Cappuccino）
（图 17.18）

配料：意式特浓咖啡、热牛奶、牛奶泡沫适量。

载杯：咖啡杯。

制法：用蒸汽咖啡机做好特浓咖啡后将其倒入咖啡杯，再用蒸汽咖啡机将牛奶加热直至产生大量泡沫，将少量牛奶加入咖啡中，最后将泡沫覆盖于咖啡之上，咖啡、牛奶、泡沫各占 1/3。

咖啡散发着浓浓的奶味和纯正的咖啡芳香，独特的奶泡如白云朵朵。

装饰：无。

图 17.17　摩卡咖啡

图 17.18　泡沫咖啡／卡普奇诺

17.19　奶特咖啡/拿铁咖啡（Café Latte）（图17.19）

配料：意式特浓咖啡、热牛奶、少许泡沫牛奶。

载杯：咖啡杯。

制法：基本同泡沫咖啡，只是直接将用蒸汽加热过的带有少量泡沫的牛奶加入咖啡中，同时拉出不同的花型图案。

装饰：无。

说明：这款饮品比泡沫咖啡/卡普奇诺更富层次感，初尝时，唇齿间弥漫着咖啡的香味，接着香浓奶味沁人心脾。

图17.19　奶特咖啡/拿铁咖啡

特色鸡尾酒欣赏

 知识回顾

（1）"含羞草"这款鸡尾酒使用的是什么载杯？

（2）如何调制"香槟鸡尾酒"？

（3）"快乐寡妇"这款鸡尾酒的主要配料有哪些？

（4）"爱尔兰咖啡"是咖啡饮料吗？

（5）"罗伊罗杰斯"这款饮品中有酒的成分吗？

 知识延伸

专题17技能提升内容：17.5香槟鸡尾酒、17.8内格罗尼、17.9快乐寡妇、17.16意大利苏打、17.17摩卡咖啡、17.18泼墨咖啡/卡普奇诺、17.19奶特咖啡/拿铁咖啡。

学习资料链接：尹莉娜，聂丛笑，2018-07-20．第二届中国白酒鸡尾酒大赛暨2019年世界杯国际调酒锦标赛之中国选拔赛首战告捷．人民网-人民健康网。

模块4
酒吧管理实务

专题 **18** 酒吧设计与酒吧调酒师

酒吧设计与酒吧
调酒师

[学习准备] 在学习本专题之前，从消费者角度在一张白纸上勾勒出你心目中理想的酒吧设计与布局。

[学习目标] 了解酒吧设计布局的关键要素、注意事项及调酒师的岗位职责。

[创业准备]（1）结合实际场地大小规划出酒吧的布局。

（2）尝试列出一间小型酒吧装修及设施用品配置的大概预算。

（3）能规划酒吧人员的配置并明确其各自的岗位职责。

学习内容

18.1 酒吧设计与布局

现代酒吧是许多成年人青睐的聚会场所。其实，客人去酒吧并不全是为了喝酒，更多是为了在下班后、在周末与朋友们聚在一起聊天或者一起观看一场体育赛事。一间酒吧无论是时尚高端，还是朴实简约，其基本设计思路都应该充分考虑促进顾客、服务员及调酒师之间的互动，从而把酒吧打造成一个融氛围、娱乐、服务、食品、饮料于一体的愉悦的逗留场所。

鸡尾酒区域是一个休闲聚会场所，能够把一群顾客吸引到位于中心位置的岛式吧台。例如，到过拉斯维加斯的人可能听说过位于曼德勒湾博彩酒店的查理－帕默尔餐厅（Charlie Palmer's）及奥瑞乐酒吧（Aureole Bar）（图18.1）。奥瑞乐酒吧的亮点就是其葡萄酒塔，这是一座由玻璃外墙罩住的，有温度和相对湿度控制的葡萄酒存放区，从餐厅的吧台直达天花板，高达50英尺（1英尺＝0.3米）。环状楼梯可以让客人们从一楼的酒吧通向下面的餐厅时在葡萄酒塔的周围漫步。葡萄酒由"葡萄酒天使"到酒塔里领取，这些"葡萄酒天使"实际上是用缆绳系在四个滑轮系统上的女性葡萄酒侍酒师。她们通过程控操纵杆，有点像游戏机或者喷气战斗机飞行员那样，可以在七层酒塔间上下自如。这座酒塔可以存放9000瓶葡萄酒，更多的则存放在单独的酒窖或者酒店之外的库房。整个操作过程全部通过双向对讲系统，而不为客人所见。

任何一间酒吧，不管设在哪个位置、规模多大、形状如何，基本包括三大区域：

- 前吧（front bar）；
- 后吧（back bar）；
- 下吧（under bar）。

1. 前吧

前吧一般为16～18英寸宽，表面多为经过处理的防水木质面板、石材（如大理石、花岗岩）或者透明塑料板。一些酒吧在前吧的边上安装了一个6～8英寸的带垫扶手。吧台台面靠近调酒师的凹进去的部分叫作轨槽（rail，可以是玻璃杯道沟、液体滴落槽及泼酒物道沟）。调酒师就是在这个区域完成鸡尾酒的调制。

常见的吧台高度为42～48英寸。这是适合调酒师工作和顾客倚靠的最理想的高度。所有与酒吧相关的设备都适合安装在42～48英寸高的吧台里。

吧台前挡板（bar die），也就是支撑吧台正面的垂直挡板。其作用也是不让下吧出现在公众视线里。顾客坐在吧台边，脚踢到的就是前挡板。在面向顾客的这一边，一般会有一根沿着前挡板的底部安装的金属脚踏（footrest），大约离地面12英寸。这个脚踏叫作铜轨（brass rail）。

设计吧台时，要避免笔直的长方形模式，而应该选择带有拐角或者一定角度的造型，因为这种造型有利于顾客相互对面而坐，而不是直愣愣地盯着墙。最好的聊天吧还是岛式的椭圆形吧台。调酒师位居中心，顾客则围坐在吧台周围，能够方便地看到对方。不过，岛式酒吧占据的空间较多，建造成本也相对较高（图18.2）。

简要提一下酒吧凳子：一定要关注凳子的高度和舒适度。

图18.1 奥瑞乐酒吧（Aureole Bar）

图18.2 常见的前吧及后吧布局

2. 后吧

后吧就是吧台后面紧靠墙体的区域。后吧有两个功能，既提供装饰性的展示区，也提供原材料的储存空间。晶莹剔透的玻璃酒杯及各种品牌的烈酒整齐地摆放在后吧的陈列架上，在玻璃镜子的反射下更加引人注目。这种陈列布置是一种很好的推销形式，同时也是放置调酒师最常用酒水的、最顺手的位置。玻璃镜子在增强酒吧房间深度感的同时还可以让顾客看到在吧台边的其他人及他们身后的一举一动。聪明的调酒师知道如何利用玻璃镜子观察现场发生的一切而不为人所觉察。

后吧酒柜的底座部分是放置冷冻冷藏设备的最佳位置。收银机（cash register）或者POS系统往往是摆放在后吧的台面上，有时则是内置嵌入到台面。后吧与下吧之间只有3英尺的距离。因此，设计这个区域时一定要选择那种打开时不会影响调酒师行动的柜门（最好是玻璃材质的双重滑门）。

后吧的设计要求有上下水及用电方面的特殊考虑，因此需要留出安装电器及供水、制冰、排水管线的出口。排水口排出的不仅是冰块融化后溢出的水，还有清洗后的玻璃杯在干燥的过程中排出的水。

3. 下吧

下吧就是调酒师酒水操作的心脏部位，因此在设计上值得认真关注。很多时候，一种吧台式样是因为从顾客的角度看其外型不错而被选定的，根本没有考虑到调酒师的实际处境。存储空间足够吗？所有的原材料及碳酸饮料机的气阀是否在伸手可及之处？是否易于更换补充？吧台区域是否容易清洁？

下吧的中心点就是饮品灌装操作区（pouring station）。在这里，顾客可以看到碳酸饮料和果汁的自动分配系统。这个系统有多条与单个的液体罐相连接的管线从储冰柜（ice bin）底下的制冷盘（cold plate）中通过，直达按钮控制的饮料分配控制阀[通常叫作饮料枪（gun）]。

在饮品灌装操作区，还配置了瓶井（bottle well）及快速倒酒瓶槽（speed rail）——这两处都是为了放置最常用的烈酒和混合液。搅拌机及其他的小型酒吧工具也都会放置在下吧。出于对服务速度和及方便操作的考虑，每一个调酒师对下吧的布置会略有不同。

吧台的台面不应该过多地遮挡下吧，从吧台台面到下吧的距离应该足够允许舒适地堆码以及进行储存——灌装的操作（图18.3）。

图18.3　全不锈钢制造的一体化前吧及下吧，装有酒瓶的部位是快速倒酒瓶槽

从卫生和食品安全的角度考虑，酒吧需要安装标准的酒吧水槽（bar sink）。这种水槽一般是7～8英尺长，配以4个隔槽、2个滤水板、2个龙头（每个龙头可以左右转动来负责2个水槽），以及吧台排水溢流管。另外，还需要为工作人员安装一个单独的洗手水槽（hand sink）。干净的玻璃杯可以倒扣着放在玻璃杯轨槽里、靠近冰柜旁的滤水板或者后吧上，也可以挂在头顶上的搁架上，并按照杯子的类别和规格分组放置。

18.2 酒吧调酒师岗位描述（bartender job description）

酒吧的工作内容不仅是调制鸡尾酒，酒吧调酒师（bartender）和调酒师助理（barback）都有各自的岗位职责。

1. 酒吧调酒师岗位职责

1）吧台准备

● 将冰槽加满冰块。这是酒吧开门前要做的第一件事，因为没有冰块就无法调制酒水。

● 备妥装饰水果盘。装饰水果是鸡尾酒调制中不可缺少的用品。

● 为酒柜补充啤酒、烈酒、葡萄酒、玻璃杯、果汁等。确保调酒所需的原料齐全并有足够一个班次的备用品。

注意：遵循"先进先出、后进后出"的原则摆放原料。

● 检查扎啤机是否工作正常，酒桶是否有足够的酒，否则需要更换。

注意：更换啤酒桶时最好请人帮忙将桶抬起，否则容易扭伤腰。

● 准备现金盒及足够的零钱。

● 备好垃圾桶及清洁布。

● 保证酒吧开门时干干净净。

2）工作流程

● 当顾客走近吧台时，热情问好，并在客人面前的吧台上放好餐巾纸。不管有多忙，始终要注意到客人的存在。如果很忙，可以说："我马上就过来服务您。"

● 接受客人的点单。

● 为客人调制酒水。

● 将客人点的酒水输入电脑系统。

● 收取酒水钱。

● 找零钱。

● 按照楼面服务员送来的订单调制酒水。

● 收回吧台上的空杯子。

● 经常擦拭吧台台面。

● 清洗玻璃杯。

● 及时补充需要的物品。

3）收班工作

● 清洗所有的玻璃杯。

● 将所有的酒瓶擦拭干净。

● 将冰槽中的冰块融化。

● 将冰槽擦洗干净。

● 补充啤酒、烈酒等物品。

● 清洁吧台及酒吧区域。

● 退出收银系统。

● 将脏布巾放在恰当位置。

● 扔掉垃圾及空盒子。

2. 调酒师助理岗位职责

调酒师助理主要在吧台后面（bar back）协助调酒师工作，与调酒师的职责基本类似。有的酒吧不设这个职位。

1）吧台准备

职责与调酒师基本相同。

2）工作流程

● 从吧台收集用过的空酒杯。

● 清洗玻璃杯。先使用加有清洗剂的热水清洗，再使用清水漂洗，最后使用冷的消毒水为玻璃杯消毒。

● 擦拭吧台台面。

● 随时补充酒吧物品。

● 帮助调酒师为客人服务。

3）收班工作

● 清洗所有的玻璃杯。

● 补充啤酒、烈酒等物品。

● 清洗吧台及酒吧区域。

● 将脏布巾放在恰当位置。

● 扔掉垃圾及空盒子。

● 整理好啤酒冷藏柜，确保其干净整洁。

 知识回顾

（1）什么是前吧？

（2）区分 barback 和 back bar。

（3）酒吧布局应该考虑哪些因素？

（4）酒吧调酒师如何边操作边观察吧台客人？

 管理实务提升

专题 18 为管理实务提升内容。

主要参考文献

李晓东，2003．酒水与酒吧管理［M］．重庆：重庆大学出版社．

泽井庆明，2000．鸡尾酒事典［M］．北京：中国轻工业出版社．

DEGROFF D，2002. The Craft of the Cocktail [M]. New York, New York: Clarkson Potter Publishers.